Ein Wort zuvor

»Welcher Nadelbaum ist das?« Diese Frage läßt sich mit Hilfe des hier vorliegenden ersten Bäume-Bestimmungsbuches im Einsteckformat an Ort und Stelle schnell beantworten. Im »Nadelbäume-Kompaß« sind all jene Nadelbäume abgebildet und beschrieben, die bei uns und in den anderen Ländern Europas am häufigsten anzutreffen sind. Dabei geht es nicht nur um die in Europa ursprünglich heimischen Arten, sondern auch um die außereuropäischen, die im Laufe der Zeit in unsere Breiten verpflanzt wurden. Sie stammen meistens aus den gemäßigten Zonen Nordamerikas und Asiens.

Auf 70 speziell für dieses Buch aufgenommenen Baumbestimmungs-Fotos in Farbe und 50 Zeichnungen sind das Gesamterscheinungsbild des Baumes und wichtige Details wie Zweige, Nadeln und Zapfen dargestellt. In knappgefaßten und allgemeinverständlichen Texten werden Wuchsform, Stamm, Rinde, Triebe, Nadeln, Zapfen oder Früchte beschrieben. Außerdem erfährt der Naturfreund das Wichtigste über Herkunft, Verbreitung, Standort, forstwirtschaftliche Nutzung und die Verwendung des Holzes.

Die im »Nadelbaum-Kompaß« aufgeführten Arten findet man in Wäldern und Fluren, aber auch in Parks oder Gärten, und vor allem dort wird man auf die vielfältigen »Gartenformen« stoßen, die sich vom »Typ«, der die charakteristischen Artmerkmale aufweist, oft stark unterscheiden: Da gibt es Zwerg-, Pyramiden-, Säulen-, Kriech- oder Hängeformen, blaue, silberne oder gelbe Färbungen der Nadeln, so daß es zuweilen nicht nur dem Laien, sondern auch dem Fachmann schwerfällt festzustellen, welcher Baum hier »aus der Art geschlagen« ist. Wenn man bedenkt, daß beispielsweise von Lawson's Scheinzypresse *(Chamaecyparis lawsoniana)* rund 130 Gartenformen existieren, dann wird klar, warum der »Nadelbäume-Kompaß« sich ganz bewußt auf die artspezifischen Typen beschränkt.

In diesem Zusammenhang noch ein Wort über Namen und Klassifizierung der Nadelbäume: Jeder, der sich mit der Botanik befaßt, wird bald herausfinden, daß man ohne die wissenschaftlichen Namen keine Übersicht gewinnen kann, denn die deutschen und auch anderssprachigen Ausdrücke führen nur in heillose Begriffsverwirrungen. Ein prominentes Beispiel ist der Name »Tanne«, der für allerlei Bäume

herhalten muß, die immergrüne Nadeln besitzen. Auch »Zeder« und »Zypresse« sind beliebte Bezeichnungen, die oft ungenau angewendet werden. Wenn sie dennoch in botanischen Büchern vorkommen, dann deshalb, weil sie seit langem eingebürgert sind; sie stammen aus einer Zeit, als es noch keine botanische Systematik gab.
Jede Pflanze, jeder Baum hat einen wissenschaftlichen Namen, der aus zwei Wörtern besteht – meist aus lateinischen oder griechischen. So heißt zum Beispiel die Stech-Fichte: *Picea pungens. Picea* ist der Gattungsname und bedeutet »Fichte«, *pungens* bezeichnet die Art und heißt »stechend«.
Über seine wichtigste Aufgabe hinaus – eine praktische Bestimmungshilfe zu sein – bietet der »Nadelbäume-Kompaß« noch viel Interessantes über die speziellen Besonderheiten der verschiedenen Nadelbäume – Informationen, die nicht in jedem anderen Baum-Bestimmungsbuch zu finden sind!
Je mehr wir über die Dinge der uns umgebenden Natur wissen, desto mehr werden wir sie verstehen – und lieben können.

Georg Zauner

Der Autor:
Georg Zauner, Jahrgang 1920, Maler und Grafiker, später Autor und Regisseur zahlreicher populär-wissenschaftlicher Filme und preisgekrönter PR-Filme.

Wissenschaftliche Beratung und Mitarbeit:
Prof. Dr. Peter Schütt, Leiter des Forstbotanischen Instituts der Universität München.

Was sind Bäume – Was sind Nadelbäume?

Unter *Bäumen* werden in diesem »Nadelbäume-Kompaß« mehrjährige, verholzte Pflanzen verstanden, die mit einem einzelnen Stamm aus der Erde wachsen und höher als zwei Meter werden. Kommen aus dem Erdboden mehrere verholzte Hauptachsen, so spricht man von *Sträuchern.* Diese und andere Unterscheidungen zwischen Bäumen und Sträuchern sind keine streng wissenschaftlichen, sondern mehr oder weniger willkürliche. So gibt es zum Beispiel viele Arten, die, je nach Standort, entweder als Baum oder als Strauch wachsen (Thuja, Wacholder).

Die Bezeichnung *Nadelbaum* ist eigentlich ein volkstümlicher Ausdruck und meint: Bäume, die im Winter (bei uns in Mitteleuropa) grün bleiben und statt breiter Blätter kleine schmale Nadeln oder Schuppen besitzen. Botanisch betrachtet sind mit dieser ungenau beschriebenen Gruppe die *Nacktsamer* gemeint (Gymnospermen). Sie stehen in der entwicklungsgeschichtlichen Stufe unter oder – zeitlich gesehen – vor den *Bedecktsamern* (Angiospermen), die als die vorherrschende Pflanzenklasse der Jetztzeit gilt, und zu der zum Beispiel die Laubbäume zählen.

Bei den Nacktsamern ist der Same *nicht* von einem Fruchtknoten umgeben, er liegt »nackt« auf einer Schuppe. Es gibt ferner keine zusammengesetzten, sondern nur nach Geschlechtern getrennte Blüten, das heißt sowohl männliche wie auch weibliche. Sie sitzen meistens auf ein und derselben Pflanze, ja, sogar an demselben Zweig, wenn auch räumlich getrennt. Solche Pflanzen nennt man *einhäusig.* Bei der Eibe und beim Wacholder, um zwei Beispiele aus dem »Nadelbäume-Kompaß« zu nennen, sind die Geschlechter sogar auf verschiedene Pflanzen verteilt – sie sind demnach *zweihäusig.* Die Blüten sind stets ohne Blütenblätter, daher oft sehr unscheinbar.

Die nadel- oder schuppenförmigen Blätter werden im Winter nicht abgeworfen, sondern überdauern mehrere Jahre. Wie immer, gibt es auch hier Ausnahmen. Die uns betreffende heißt: Lärche. Dieser Baum wirft im Herbst seine Nadeln ab und bekommt im Frühjahr neue.

Tips für die Benutzung des »Nadelbäume-Kompaß«

Um das Erkennen der Nadelbäume zu erleichtern, enthält dieser Kompaß zwei zusätzliche Bestimmungshilfen:

- **Bestimmung nach Form oder Anordnung der Nadeln oder Schuppenblätter:** Mit Hilfe der Tabelle »Nadelbäume nach Nadeln bestimmen« auf Seite 5 können Sie schnell die in Frage kommenden Nadelbaum-Gattungen ermitteln, es sei denn, sie gehören zu den seltenen, die im Kompaß nicht aufgeführt wurden. Gleichzeitig erfahren Sie, wo die Art-Vertreter dieser Baumgattungen abgebildet und beschrieben sind.
Ein Blick auf diese Bestimmungs-Tabelle zeigt, daß die Auswahl in der fünften »Abteilung« besonders groß ist. Es finden sich hier Gattungen, die einander sehr ähnlich sind, und spätestens hier taucht die Frage auf, die immer wieder von Laien gestellt wird: »wie unterscheidet man Tannen von Fichten?« Wenn Sie die Antwort nicht kennen, lesen Sie bitte die Beschreibung der Fichte auf Seite 48!

- **Bestimmung nach den Zapfen oder Früchten:** Hier bietet sich ein gutes zusätzliches Hilfsmittel, einen Nadelbaum zu erkennen. Wem es gelingt, einen Zapfen unter »seinem« Baum zu finden oder ihn in erreichbarer Höhe abzupflücken, dem geben die Zapfenbilder auf den Seiten 6 bis 9 möglicherweise einen entscheidenden Hinweis. Bei den Zapfenabbildungen ist angegeben, auf welchen Seiten der Baum im Kompaß abgebildet und beschrieben ist. Die Zapfen der Tannen fehlen hier, weil sie zum Bestimmen weniger in Frage kommen: Tannenzapfen fallen nämlich *nicht* als Ganzes vom Baum herunter, außerdem wachsen sie meist in der unerreichbaren Wipfelzone. Alle Zapfen finden Sie – in verkleinerter Form – nochmals bei den Farbbildern und Baumbeschreibungen, den »Steckbriefen«. Dort sind, der botanischen Vollständigkeit halber, auch die Tannen-Zapfen abgebildet.
Die abgebildeten Zapfen zeigen meist den geschlossenen Zustand: so, wie der noch nicht ganz reife Zapfen am Baum hängt oder der bereits herabgefallene bei feuchtem Wetter aussieht. Bei Trockenheit spreizen die Zapfenschuppen auseinander, wodurch sich das Aussehen des Zapfens völlig verändert. Man

Nadelbäume nach Nadeln bestimmen

Beschreibung der Wuchsform	**Nadeln und Trieb**	**Könnte sein**	**Seiten**
Nadeln wachsen zu 2, 3 oder 5 aus einer gemeinsamen Blattscheide.		Kiefer	62–79
An den älteren Zweigen stehen die Nadeln in dichten Büscheln. (Junge Triebe haben gleichmäßige Benadelung.)	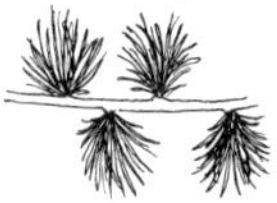	Lärche, Zeder	22–29
Nadeln bilden zwei gegenüberstehende Zeilen, und zwar an den Seitentrieben, nicht an den aufwärtsstrebenden Trieben.		Eibe	12–13
Nadeln sind zu dritt »Mercedesstern-artig« um den Trieb gestellt.		Wacholder	20–21
Nadeln sind spiralig, bürstenförmig oder mehrreihig um den Trieb gestellt.		Tanne, Fichte, Hemlockstanne, Douglasie, Mammutbaum, Sicheltanne	30–61
Nadeln sind vorwiegend schuppenförmig. Die Schuppen überdecken einander dachziegelartig.		Zypresse, Scheinzypresse, Thuja	14–19

kann jedoch ausgetrocknete Zapfen leicht in ihren ursprünglichen Zustand zurückverwandeln, indem man sie ins Wasser legt: innerhalb einer Stunde sind sie wieder geschlossen!

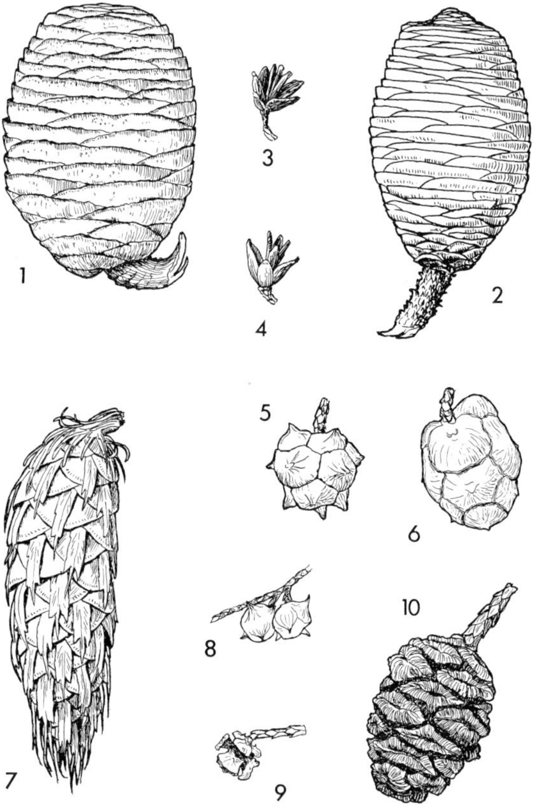

1. Libanon-Zeder, *Cedrus libani* (S. 26)
2. Atlas-Zeder, *Cedrus atlantica* (S. 24)
3. Abendländischer Lebensbaum, *Thuja occidentalis* (S. 18)
4. Riesen-Lebensbaum, *Thuja plicata* (S. 18)
5. *Cupressus glabra* (S. 14)
6. Italienische Zypresse, *Cupressus sempervirens* (S. 14)
7. Douglasie, *Pseudotsuga menziesii* (S. 60)
8. Nootka-Scheinzypresse *Chamaecyparis nootkatensis* (S. 16)
9. Lawson's Scheinzypresse, *Chamaecyparis lawsoniana* (S. 16)
10. Mammutbaum, *Sequoiadendron giganteum* (S. 30)

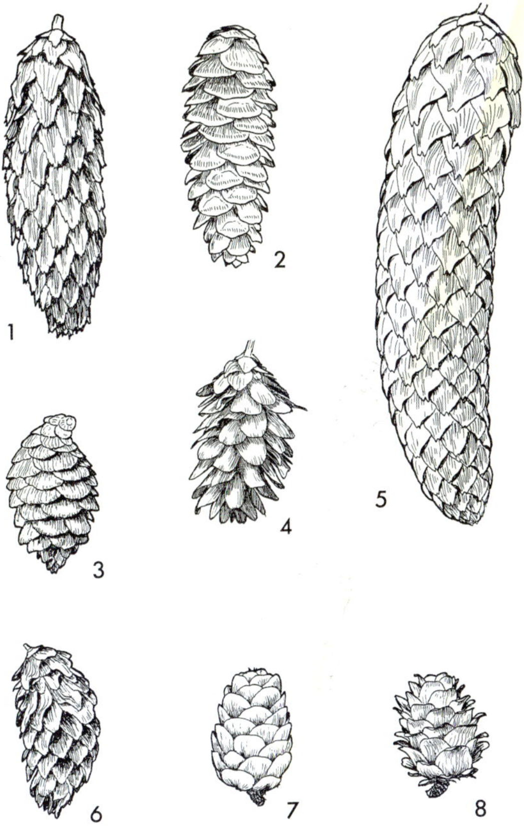

1. Stech- oder Blaufichte, *Picea pungens* (S. 50)
2. Orient-Fichte, *Picea orientalis* (S. 56)
3. Serbische Fichte *Picea omorika* (S. 52)
4. Sitka-Fichte, *Picea sitchensis* (S. 54)
5. Gemeine Fichte, *Picea abies* (S. 48)
6. Engelmanns-Fichte, *Picea engelmannii* (S. 50)
7. Europäische Lärche, *Larix decidua* (S. 22)
8. Japanische Lärche, *Larix kaempferi* (S. 22)

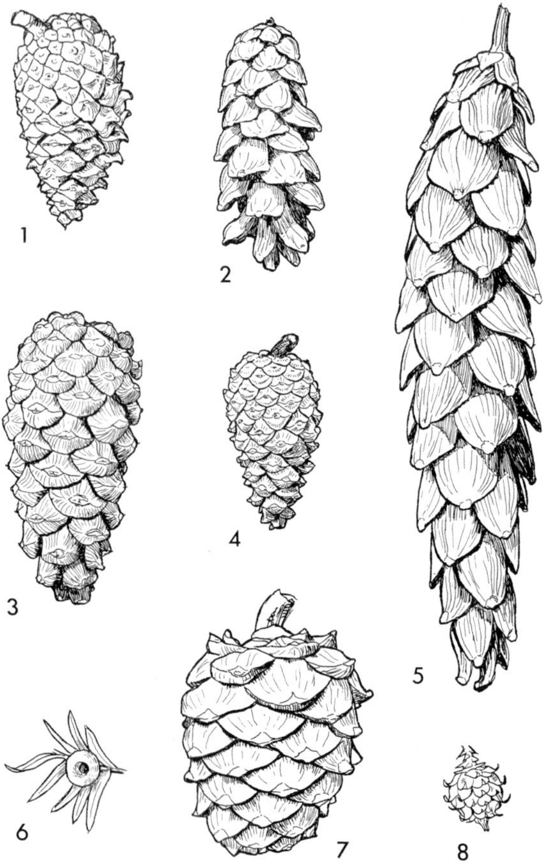

1. Berg-Kiefer (Latsche), *Pinus mugo* (S. 64)
2. Rumelische Kiefer, *Pinus peuce* (S. 70/78), normalerweise länger.
3. Schwarz-Kiefer, *Pinus nigra* (S. 66)
4. Wald-Kiefer, *Pinus sylvestris* (S. 62)
5. Weymouths-Kiefer, *Pinus strobus* (S. 70)
6. Eibe, *Taxus baccata* (S. 12)
7. Zirbel-Kiefer (Arve), *Pinus cembra* (S. 68)
8. Sicheltanne, *Cryptomeria japonica* (S. 32)

1. Pinie, *Pinus pinea* (S. 76)
2. Tränen-Kiefer, *Pinus wallichiana* (S. 78)
3. Strand-Kiefer, *Pinus pinaster* (S. 72)
4. Aleppo-Kiefer, *Pinus halepensis* (S. 74)
5. Westliche Hemlockstanne, *Tsuga heterophylla* (S. 58)
6. Kanadische Hemlockstanne, *Tsuga canadensis* (S. 58)

Nadelbäume-Register

---

3. Auflage

Redaktionsleitung: Hans Scherz
Lektorat: Dr. Wolf August, Sauerlach
Einbandgestaltung: Constanze Reithmayr-Frank

Offsetproduktion und Druck:
Graphische Anstalt E. Wartelsteiner, Garching
Bindung: Druckerei Ludwig Auer, Donauwörth
ISBN 3-7742-6403-1

Zeichnungen und Fotos, mit Ausnahme der nachstehend aufgeführten, stammen von Georg Zauner.
Eichinger (20); Jesse (21 und 43); Scherz (31).

Eibe

Gemeine Eibe. *Taxus baccata*

(Familie Taxaceae)

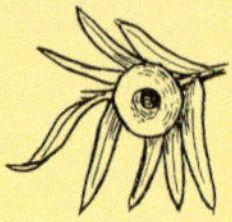

Die charakteristischen Merkmale der gemeinen Eibe sind die auffallend dunkle Farbe der Nadeln und die Tatsache, daß sie gern im Schatten höherer Bäume wächst, sowohl einzeln als auch in kleinen Gruppen, wobei Kalkboden bevorzugt wird. Die Eibe ist bei uns und in weiten Teilen der nördlichen Halbkugel beheimatet. Aus ihrem harten rotbraunen, sehr zähen Holz wurden früher Armbruste und Bögen gefertigt; daher kommt auch der Name »Eibe«, der soviel wie »Armbrust« bedeutet (der lateinische Name »taxus« bedeutet »Bogen«). Heute verwendet man das Holz zum Möbelbau (englische Möbel). Die Eibe kann über 2000 Jahre alt werden. In der Mythologie ist sie der Baum des Todes, und noch heute wird sie außer in Parks vor allem auf Friedhöfen gepflanzt. Seit dem Mittelalter sind die natürlichen Bestände in Europa im Rückzug begriffen, daher steht der Baum heute bei uns und in vielen anderen Ländern unter Naturschutz! Nadeln und Samen sind sehr giftig! Es gibt zahlreiche Gartenformen, die sich vom Typ in der Nadelfarbe oder der Wuchsform unterscheiden.

Wuchs: sehr alte Bäume werden bis zu 20 m hoch, die meisten aber bleiben viel niedriger. Die Form ist unterschiedlich, oft mit unregelmäßiger Krone und kurzem, knorrigem Stamm,

△ Gemeine Eibe (*Taxus baccata*), besonders regelmäßig gewachsen.

wobei die Äste schon dicht über dem Boden erscheinen. Auch die Buschform ist nicht selten. **Rinde:** rotbraun-purpurn, dünn und hautartig abblätternd. **Nadeln:** weich, 2–4 cm lang, flach, linealisch, mit einer plötzlich auslaufenden scharfen Spitze, Oberseite dunkelgrün, glänzend, mit deutlicher Mittelrippe, Unterseite gelb- oder graugrün und gefurcht (ohne Bänder). An aufstrebenden Trieben sind die Nadeln spiralig um den Trieb gestellt, an Seitentrieben zweizeilig angeordnet (gescheitelt). **Blüten:** die Eibe ist zweihäusig! **Früchte:** nußartige Samen, die von einer roten, becherförmigen »Scheinbeere« ummantelt werden. Daher der lateinische Name *baccata* = »mit Beeren versehen«.

◁ Triebe eines weiblichen Baumes mit Frucht (»Scheinbeere«).

Italienische Zypresse

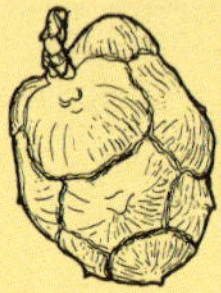

Gemeine oder echte Zypresse.
Cupressus sempervirens
(Familie Cupressaceae)

Was wären Gärten und Parks der südlichen Landschaften ohne die markanten dunklen Säulen der Zypressen? Dieser Baum stammt ursprünglich aus Persien, Kleinasien und Griechenland, ist aber heute im ganzen Mittelmeergebiet verbreitet. Die italienische Zypresse kann über 2000 Jahre alt werden (*sempervirens* bedeutet »ewig lebend«). Schon im zweiten Jahrtausend v. Chr. war sie im Iran wegen ihrer Flammenform heilig. Phönizier bauten aus dem Holz Schiffe, Römer und Griechen Tempeltüren, Gedenktafeln und Särge. Sie spielte im Totenkult eine Rolle als Baum der Trauer und wird auch heute noch auf Friedhöfen gepflanzt. Das Holz wird, da es sehr hart und dicht ist, von Kunsttischlern geschätzt. (Über die mögliche Verwechslung mit Thujen, Scheinzypressen und Wacholdern → Seite 16.)

Wuchs: sehr schmal, fast säulenförmig. **Stamm:** bis zu 20 m hoch und stark verzweigt, im unteren Teil frei. Bei der *forma horizontalis* stehen die Zweige waagerecht ab. **Rinde:** dünn, graubraun, rissig. **Triebe:** die »Zweiglein« sind nicht flach, sondern von vierkantigem Querschnitt und nach allen Richtungen des Raumes hin verzweigt, also nicht zweidimensional.

△ Italienische Zypressen (*Cupressus sempervirens*) in einem Friedhof.

Nadeln, Schuppenblätter: junge Pflanzen tragen Nadeln, ältere nur noch Schuppenblätter, dicht anliegend, auf dem Rücken eine Längsfurche, fast ohne Duft, auch beim Zerreiben. **Zapfen:** klumpig-eiförmig, bis zu 4 cm lang mit fünfeckigen Zapfenschuppen, die eine winzige Stachelspitze tragen; zuerst grünlich, dann dunkelbraun, zuletzt graubraun.
Andere Zypressen-Arten, die gleichfalls auf mildere Gegenden beschränkt sind und zum Teil breiteren Wuchs und abgerundete Gipfel aufweisen: *Cu. macrocarpa, Cu. glabra,* (→ Abb. Seite 6) *Cu. torulosa, Cu. lusitanica.*

◁ Zypressen-Zweig mit vorjährigem Zapfen.

Lawson's Scheinzypresse

Oregonzeder, Ingwertanne, Lebensbaumzypresse.

Chamaecyparis lawsoniana

(Familie Cupressaceae)

Scheinzypressen können leicht mit Thujen oder echten Zypressen verwechselt werden, ja sogar mit einigen Wacholder-Arten. Viele haben den schlanken, kegelförmigen Bau. Für den Laien dürften die Zapfen beziehungsweise Früchte die einfachsten Unterscheidungsmerkmale sein: bei den Scheinzypressen sind sie kugelig und klein, bei den Thuja-Arten ebenfalls klein aber becherförmig, bei den echten Zypressen klumpig-eiförmig und größer (1–4 cm), die in Frage kommenden Wacholderarten haben »Scheinbeeren«. Lawson's Scheinzypresse wurde Mitte des 19. Jahrhunderts aus Oregon im Nordwesten der USA eingeführt und ist inzwischen in Europa sehr verbreitet, vor allem in Gärten und Parkanlagen. Das Holz ist gelblich, fest, dauerhaft, wohlriechend und als Nutzholz geschätzt. Es gibt eine sehr große Zahl von Gartenformen (ca. 130), die man kaum bestimmen kann, sondern kennen muß. Von dem hier beschriebenen Typ unterscheiden sie sich in der Farbe, der Zweigform und im Gesamthabitus.

Wuchs: schmal-kegelförmig, bis zu 30 m hoch, im Freistand bis zum Boden herab beastet. **Stamm:** häufig gegabelt, Äste waa-

△ Links und Bildmitte: Lawsons's Scheinzypresse (*Chamaecyparis lawsoniana*).

gerecht abstehend und kurz. **Rinde:** anfangs glatt und dunkelbraungrün, später in lange, senkrechte Platten zerrissen und rötlich. **Triebe:** erst grün, später rötlichbraun. An ihnen sitzen die in einer Ebene verzweigten flachen »Zweiglein«, die mit Schuppenblättern bedeckt sind. Diese haben in der Mitte eine durchscheinende Öldrüse (ans Licht halten!) und sind auf der Oberseite dunkelgrün und der Unterseite blasser. Die kantenständigen Schuppenblätter stehen mit der Spitze ab. **Zapfen:** kugelig, zahlreich, etwa 8 mm dick, anfangs grün und blauweiß bereift, später purpurbraun; die Zapfenschuppen tragen kleine Höcker. Weitere Scheinzypressen-Arten, die in Europa häufiger angepflanzt werden: *Ch. obtusa, Ch. nootkatensis* (→ Abb. Seite 6), *Ch. pisifera;* in vielen Gartenformen anzutreffen!

◁ Zweig mit diesjährigen und vorjährigen Zapfen.

Abendländischer Lebensbaum

Thuja, Lebensbaum. *Thuja occidentalis*
(Familie Cypressaceae)

Es gibt sechs Thuja-Arten, die alle aus Nordamerika oder Ostasien stammen. Die *occidentalis* – die »abendländische« Thuja kommt demnach aus der westlichen Hemisphäre, ist aber schon lange, und zwar seit 1550, in Europa heimisch und gehört inzwischen zum althergebrachten Bild unserer Parks und Gärten. Es gibt heute eine große Zahl von gärtnerischen Formen, bei denen Farbe, Zweigform und Habitus des Lebensbaumes variieren. Der genügsame Baum läßt sich beliebig beschneiden, weswegen er gern zu immergrünen Hecken verwendet wird. Der Name »Lebensbaum« hängt mit der medizinischen Verwendung des »Thuja-Öles« zusammen, das aus den Zweigen gewonnen wird.

Wuchs: schmal-kegelförmig mit aufrechtem Gipfeltrieb, Höhe bis 20 m. **Stamm:** oft mehrstämmig, bis zum Boden herab beastet. **Rinde:** graubraun, in schmale Streifen zerrissen. **Triebe:** in einer Ebene verzweigt, die »Zweiglein« sind flachgedrückt. **Schuppenblätter:** dicht dachziegelartig angeordnet. Oberseite dunkelgrün, mattglänzend, Unterseite blaßgrün, stumpf; zerrieben harzig-fruchtig duftend. Die Schuppen an der breiten Seite haben deutlich sichtbare (durchscheinende) Öldrüsen. **Zapfen:** etwa 1 cm groß, eiförmig, erst grünlich, im zweiten Jahr braun und becherförmig auseinanderklaffend.

△ Eine Gruppe von Thujen oder Lebensbäumen (*Thuja occidentalis*).

Riesen-Thuja. *Thuja plicata*
Diese Art stammt gleichfalls aus Nordamerika; sie wird nicht nur in Parks und Gärten, sondern vor allem auch – wegen ihres Holzes – forstwirtschaftlich genutzt. Die *Th. plicata* kann bis zu 800 Jahre alt werden, sie ist im Habitus der *Th. occidentalis* sehr ähnlich. Die auffälligsten Unterschiede sind:
Wuchs: die Spitze wird im Alter breiter, Höhe bis zu 40 m. **Stamm:** an der Basis verbreitert. **Rinde:** dunkel-rotbraun. **Triebe:** wie *Th. occidentalis*. **Schuppenblätter:** Oberseite frischgrün, wie lackiert glänzend, Unterseite weißlich, oft ohne Öldrüsen, stark fruchtig duftend. **Zapfen:** ähnlich wie *Th. occidentalis* (→ Abb. Seite 6).

◁ Typisch: die zweidimensionale Verzweigung. Vorjährige Zapfen.

Gemeiner Wacholder

Heide-Wacholder, Machandelbaum.

Juniperus communis

(Familie Cupressaceae)

Der Wacholder wächst gern an sonnigen, trockenen Plätzen und ist bei uns sowie im größten Teil der nördlichen gemäßigten Zone beheimatet. In den Gärten findet man häufig die zahlreichen Variationen seiner gezüchteten Formen. Der Wacholder kann bis zu 800 Jahre alt werden. Sein Name kommt aus dem althochdeutschen »wecholter« = »lebensfrischer«, »immergrüner«. Sein dichtes, zähes, dabei weiches Holz wird gern zu Drechslerarbeiten verwendet, auch zu Spazierstöcken und Peitschenstielen. Der Rauch der getrockneten Zweige vertreibt – nach dem Volksglauben – böse Geister und veredelt außerdem Schinken und Würste, die darin geräuchert werden. Wacholderbeeren findet man sowohl in der Küche als auch in der Apotheke; und nicht zuletzt bereitet man aus ihnen so bekannte Schnäpse wie Steinhäger, Gin oder Genever.
Der Gemeine Wacholder ist zweihäusig.
Wuchs: Baum oder Strauch, säulenförmig, bis zu 8 m hoch. **Stamm:** Von Grund an verzweigt. **Nadeln:** der Gemeine Wacholder hat nur Nadeln, nicht wie einige andere *Juniperus*-Arten Schuppenbätter oder beides! Sie stehen zu dritt um den Trieb, sind stechend-steif, laufen nicht in einer verlängerten

△ Wacholder (*Juniperus communis*) am natürlichen Standort.

Leiste am Trieb herab, sind bis zu 15 mm lang, etwas kahnförmig, graugrün, auf der Oberseite mit breitem, weißlichem Band gezeichnet. **Früchte:** »Beerenzapfen«, kugelig rund, 7–9 mm dick, zuerst grünlich, dann schwarzblau und bläulich bereift.

Blauzedern-Wacholder. *Juniperus squamata Meyeri*
Dieser Wacholder ist eine Gartenform der Art *squamata,* die aus zentralasiatischen Gebirgen stammt und bei uns häufig in den Gärten angepflanzt wird. Typisch: die blaugraue Farbe. **Nadeln:** ebenfalls zu dritt um den Trieb gestellt, stechend-steif, bis 7 mm lang, gekrümmt, Oberseite blaugrün, Unterseite blauweiß. **Früchte:** Beerenzapfen, erst rotbraun, dann schwarz.

◁ Zweig mit »Beerenzapfen« an einem weiblichen Baum.

Europäische Lärche

Larix decidua

(Familie Pinaceae)

Stattlicher Baum mit kegelförmiger Krone. Die Heimat der Europäischen Lärche sind die Alpen und Karpaten, dort gedeiht sie besonders prächtig und wächst bis an die Baumgrenze hinauf. Sie kann bis zu 600 Jahre alt werden. Vielerorts als Zierbaum angepflanzt, wird die Europäische Lärche aber auch forstwirtschaftlich genutzt. Das besonders widerstandsfähige Holz dient vor allem als Bau- und Werkholz. Im Herbst verfärben sich die Nadeln leuchtend gelb und fallen dann ab.

Wuchs: gerader Stamm mit aufrechter Spitze bis zu 35 m hoch, die untere Hälfte oft astfrei. Die Äste sind waagerecht, die unteren etwas hängend. **Triebe:** im ersten Jahr gelblich. **Nadeln:** an den Langtrieben vereinzelt wachsend, an den Kurztrieben in Büscheln. Sie sind weich, 10–30 mm lang, lichtgrün (nie bläulich!), unterseits graugrünlich. **Blüten:** die weiblichen Blüten sind karmesinrote Zäpfchen. **Zapfen:** hellbraun, eiförmig, bis 4 cm lang, Zapfenschuppen nicht umgerollt.

Japanische Lärche, *Larix kaempferi*

Im Habitus ähnlich wie *L. decidua.* Der lateinische Name weist auf den deutschen Forschungsreisenden Engelbert Kaempfer hin, der in den Jahren 1690 bis 1692 in Japan weilte und Land

△ Europäische Lärche (*Larix decidua*) in den Alpen.

und Leute beschrieb. Die Japanische Lärche ist in weiten Teilen Europas heimisch geworden, nicht nur in Parks, sondern auch in den Forsten. Auf Standorten mit genügender Luft- und Bodenfeuchtigkeit ist sie der Europäischen Lärche überlegen. Die Verwendung des Holzes entspricht der von *L. decidua.* **Wuchs:** Äste nicht überhängend, die oberen ansteigend. Die Krone ist bei alten Bäumen breit. **Triebe:** im ersten Jahr rötlich-braunorange, oft bereift. **Nadeln:** beiderseits blaugrün, 20–35 mm lang, weich, unterseits zwei graue Bänder, sonst wie L. decidua. **Zapfen:** braun, fast kugelig, bis 4 cm lang, Zapfenschuppen am Rande zurückgerollt (→ Abb. Seite 7).

◁ Kurztriebe und vorjährige Zapfen.

Atlas-Zeder

Cedrus atlantica

(Familie Pinaceae)

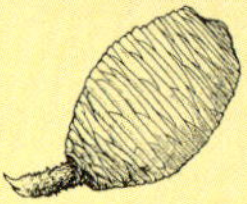

Zedern haben gewisse Ähnlichkeiten mit den Lärchen: einmal im Gesamthabitus und zum anderen in der Anordnung der Nadeln, die an Kurztrieben in dichten Büscheln wachsen. Wie die Lärchen so sind auch die Zedern Gebirgsbäume. Ihre Heimat sind die Gebirgsgegenden des Mittelmeerraumes und Asiens: Atlas, Libanon, Taurus, Antitaurus, Zypern, Afghanistan und Himalaja. Die Atlas-Zeder, die aus dem nordafrikanischen Atlasgebirge stammt und dort in Höhen um 1000 Meter dichte Wälder bildet, wird seit der Mitte des 19. Jahrhunderts vorwiegend im milden Klima Südeuropas als Zierbaum angepflanzt. Sie gedeiht aber auch in geschützten Lagen Mitteleuropas (bei uns: Bodensee, Rheinland, Rügen). Vor allem die Form »*Glauca*« mit ihren intensiv blauen Nadeln hat sich als besonders robust erwiesen und wächst an Plätzen, die für andere Zedernarten oder -formen ungeeignet sind. Bei der Unterscheidung der Zedern (es gibt drei Hauptarten nebst etlichen Gartenformen) ist man weitgehend auf die Nadeln angewiesen, denn der Wuchs der Bäume ist oft so individuell, daß ein Wiedererkennen auf Grund der äußeren Form – vor allem bei alten Bäumen – sehr schwer ist (→ Libanon- und Himalaja-Zeder, Seite 26 und 28).

△ Atlas-Zeder (*Cedrus atlantica*) in einem Park.

Wuchs: bis 40 m hoch, in der Jugend locker-kegelförmig mit aufrechtem Gipfeltrieb, später unregelmäßig. **Stamm:** im Alter oft mehrstämmig; Äste unregelmäßig und steil aufwärts wachsend; die Form »*Glauca*« ist durch sperrig abstehende Äste auffällig gekennzeichnet. **Rinde:** jung grau und glatt, später etwas rissig. **Triebe:** dicht behaart, gelblich, Seitentriebe nicht hängend. **Nadeln:** 15–25 mm lang, an Kurztrieben gebüschelt, an Langtrieben vereinzelt wachsend, steif und spitz, bläulichgrün (bei »*Glauca*« stahlblau). **Zapfen:** 5–7 cm lang, tonnenförmig, mit flacher oder eingedellter Spitze, im ersten Jahr hellgrün, im zweiten hellbraun, aufrechtstehend; nach der Reife zerfällt der Zapfen am Baum.

◁ Triebe der blaunadeligen Form *C. atlantica Glauca.*

Libanon-Zeder

Cedrus libani

(Familie Pinaceae)

Der Baum mit den weit ausladenden, tafelartig angeordneten Zweigen ist im ausgewachsenen Zustand meist breiter als hoch. Er stammt aus dem Libanongebirge und dem Taurusgebirge in Kleinasien und wächst dort bis in Höhen von 2000 Metern. Alte Exemplare im Libanon schätzt man auf 2000 bis 3000 Jahre. In der ersten Hälfte des 17. Jahrhunderts wurde die Libanon-Zeder nach Europa gebracht und dort als Zierbaum angepflanzt. Da der Baum nicht überall winterhart ist, gedeiht er vor allem im Mittelmeergebiet, in Westfrankreich und Südengland. In Deutschland findet man ihn in milden Lagen des Rheintales und am Bodensee. Wahrscheinlich ist *Cedrus libani* keineswegs der berühmte Baum des Altertums, denn sein Holz ist weich und nicht so dauerhaft, wie es dem Zedernholz zugeschrieben wurde. So stammt das antike Bauholz wohl von verschiedenen Wacholderarten, die als »Zedern« bezeichnet wurden. Das echte Zedernholz benutzte man wegen seines Wohlgeruchs zum Räuchern; oder man fertigte daraus Dosen und Kästchen zum Aufbewahren kostbarer Dinge. Die Holzspäne und das Harz dienten zum Einbalsamieren der Leichname.

Der Name Zeder kommt von dem griechischen »Kedros«. Mit

△ Libanon-Zeder (*Cedrus libani*) in einem Park.

dem Wort wurde ursprünglich eine Wacholderart bezeichnet, später die Zeder. (→ Atlas- und Himalaja-Zeder, Seite 24 und 28.)

Wuchs: bis zu 20 m hoch, anfangs kegelförmig mit aufrechtem Leittrieb, später flachkronig und schirmförmig ausgebreitet. **Stamm:** im Alter mehrstämmig, Äste weit nach den Seiten ausladend, die Zweige tafelartig flach angeordnet. **Triebe:** wenig behaart. **Nadeln:** 15–30 mm lang, an den Kurztrieben gebüschelt, steif, spitz, meist dunkelgrün und nicht bläulich-grün wie bei *C. atlantica* und *C. deodara*. **Zapfen:** 8–12 cm lang, vorn abgeflacht oder eingedellt, erst hellgrün, später dunkelbraun mit Harzüberzug.

◁ Kurztriebe mit Nadelbüscheln und Langtriebe.

Himalaja-Zeder

Cedrus deodara

(Familie Pinaceae)

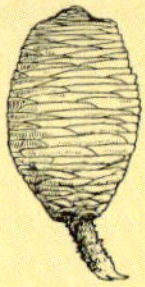

Von den anderen Zedernarten unterscheidet sich die Himalaja-Zeder durch die herabhängenden Zweigenden. Das ist vor allem bei jüngeren Bäumen auffallend; im Alter ähneln sie im Habitus eher den anderen Zedern: der Atlas- oder der Libanon-Zeder. Der Baum stammt aus Afghanistan und dem Himalaja, wo er in Höhen bis zu 2000 Metern wächst. Von den Hindus wurde er heilig gehalten (die Artbezeichnung *deodara* kommt von »Devadara«, was soviel wie »Gottesbaum« bedeutet). Wegen seines dekorativen Aussehens wurde er Anfang des 19. Jahrhunderts in Europa eingeführt und ziert – vor allem im Mittelmeergebiet – Gärten und Parks. In Mitteleuropa wächst diese Zeder nur an klimatisch besonders günstigen Orten.

Auch hier muß angemerkt werden, daß es außerordentlich schwer ist, die Zedernarten zu unterscheiden. Die Wuchsformen älterer Bäume sind einander oft so ähnlich oder individuell so ausgeprägt und von der »Norm« abweichend, daß selbst der Fachmann in Zweifel geraten kann. Da auch die Nadellängen innerhalb ein und derselben Art variieren, ist selbst diese Unterscheidungshilfe oft sehr ungenau. »Normalerweise« ist die Himalaja-Zeder an den hängenden Zweigenden und den

△ Himalaja-Zeder (*Cedrus deodara*).

relativ langen und weichen Nadeln zu erkennen. (→ Atlas- und Libanon-Zeder, Seite 24 und 26.)

Wuchs: bis zu 20 m hoch (in ihrer Heimat bis zu 50 m); in der Jugend kegelförmig, mit hängendem Gipfeltrieb, später breitkronig. **Stamm:** mit waagerecht abstehenden Ästen; die Zweige sind fast plattenförmig ausgebreitet. **Triebe:** die jungen Triebe sind dicht behaart, die Spitzen der Seitentriebe hängen herab. **Nadeln:** 30–50 mm lang (!), an den Kurztrieben gebüschelt, spitz, aber weich, bläulichgrün (wie bei *C. atlantica*). **Zapfen:** 8–12 cm lang, tonnenförmig, mit stumpfer, nicht abgeflachter Spitze, anfangs bläulich bereift, später rötlich-braun. Es gibt rund 10 Gartenformen, darunter auch blaunadelige.

◁ Typisch: die hängenden Triebe an den Zweigenden.

Mammutbaum

Riesen-Sequoie, Wellingtonie.
Sequoiadẹndron gigantẹum
(Familie Taxodiaceae)

Es gibt zwei »Mammutbäume« – den hier beschriebenen, auch in Mitteleuropa einigermaßen winterharten *Sequoiadendron giganteum* und den in wärmeren Lagen gedeihenden *Sequọia sempervịrens,* auch Redwood genannt. Während der erstere in seiner Heimat, der Sierra Nevada in Kalifornien, rund 100 Meter hoch werden kann, bringt es der Redwood, der gleichfalls aus Kalifornien stammt, auf 110 Meter. *Sequoiadendron giganteum* kann ein Alter von 3500 Jahren erreichen. 1850 wurde er entdeckt, und die Samen kamen sehr bald nach England, dem klassischen Land der Baumfreunde. Die ältesten Exemplare sind demnach rund 130 Jahre alt und »erst« an die 50 m hoch. Aber auch im übrigen Europa gibt es inzwischen *Sequ. giganteum* in den Parks, wo er schon Höhen von 30 Metern erreicht hat. Forstlicher Versuchsanbau ist auch im Gang; es hat sich allerdings herausgestellt, daß das Holz dieses Mammutbaumes bei uns in Europa – anders als in Amerika – ziemlich weich und kaum zu gebrauchen ist.

Wuchs: gleichmäßig, schmal-kegelförmig, meistens mit spitzer Krone, manchmal aber auch mit abgerundeter. **Stamm:** mit sehr breiter Basis bis in etwa 2 m Höhe, dann schlanker; Sei-

△ Zwei Mammutbäume (*Sequoiadendron giganteum*).

tenäste in Gipfelnähe aufstrebend, darunter waagerecht, unten herabhängend, an den Enden jedoch aufwärts gekrümmt. **Rinde:** mit roter, auffallend dicker Borke, schwammig und mit tiefen Rissen; läßt sich mit der Hand eindellen. **Triebe und »Zweiglein«:** steif, an den Enden aufwärts gekrümmt. **Nadeln:** spiralig um den ganzen Trieb verteilt, 3–8 mm lang, blaugrün; sie sind anliegend und ähneln so länglichen, spitz zulaufenden Schuppenblättern, die mit der Spitze abstehen. **Zapfen:** eiförmig, 5–8 cm lang, an langen Stielen; die unter dem Baum liegenden, älteren Zapfen sind schwarzbraun und nur wenig geöffnet; die Zapfenschuppen sind breit-rhombenförmig, wulstig. Verwechslungsmöglichkeit (Benadelung, Farbe des Stammes) mit der Sicheltanne, *Cryptomeria japonica* (→ Seite 32).

◁ Zweig mit aufwärtsgerichteten Trieben.

Sicheltanne

Japanische Zeder. *Cryptomẹria japọnica*

(Familie Taxodiaceae)

Dieser Nadelbaum fällt durch seine weichen, abgerundeten Formen auf; auch der Wipfel ist rundlich. Er stammt aus den Gebirgen des südlichen Japan, wo er als Waldbaum wächst, und aus China. In der Mitte des 19. Jahrhunderts wurde die Sicheltanne nach Europa verpflanzt, wo sie unter anderem auch in verschiedenen Gartenformen kultiviert wird. Sie gedeiht allerdings nur in geschützten und feuchten Lagen. Ihren deutschen Namen hat sie von den auffällig gekrümmten, sichelförmigen Nadeln; die Bezeichnung »Tanne« ist hier allerdings nur im Sinne von »Nadelbaum« zu verstehen. Der aus dem Griechischen stammende wissenschaftliche Name bedeutet, daß die Zweige (von den Nadeln) verdeckt sind. In ihrer Heimat wird die Sicheltanne auch forstlich angebaut, denn das Holz des astfreien, geraden Stammes ist dort sehr geschätzt. Inzwischen gibt es bei uns auch forstlichen Versuchsanbau. In einem Sicheltannenwald, aber auch bei einzelnen Exemplaren fällt der Bodenbelag aus roten, abgestorbenen, handtellergroßen Zweigen ins Auge.

Ähnlich wie bei manchen anderen Nadelhölzern werden hier – nach ein paar Jahren – nicht die einzelnen Nadeln, sondern ganze Seitentriebe mit ihren nadel- und schuppentragenden Verästelungen abgeworfen.

△ Zwei Sicheltannen (*Cryptomeria japonica*).

Stamm: bis zu 40 m hoch, verbreiterte Basis, weiter oben schlanker, die oberen Äste stehen waagerecht, die unteren hängen etwas, richten sich aber weiter außen wieder aufwärts. **Rinde:** rotbraun, löst sich in langen Streifen ab. **Nadeln:** hart, spitz, 5–12 mm lang, sichelartig zum Trieb hin gekrümmt, frischgrün oder gelbgrün, auf der Unterseite mit einer vorspringenden Leiste, in fünf spiraligen Reihen rings um den Trieb gestellt. **Männliche Blüten:** dicht, rispig an den Zweigenden, oft so zahlreich, daß der Blütenstaub die Krone verfärbt. **Zapfen:** kugelig rund, 2 cm dick, an aufwärts gekrümmten Stielen; erst grünlich, dann braun; jede Zapfenschuppe hat 4–6 Spitzen.

◁ Triebe mit diesjährigen Zapfen. Typisch: die sichelförmigen Nadeln.

Tanne

Weiß-Tanne. *Abies alba*
(Familie Pinaceae)

Die Weiß-Tanne ist in den Gebirgen West-, Mittel- und Südeuropas zu Hause, wo sie zum Teil noch in Höhen von 2000 m anzutreffen ist. Sie kann bis zu 500 Jahre alt werden. Die wissenschaftliche Art-Bezeichnung *alba* bedeutet »weiß«, wobei nicht ganz klar ist, ob sich die Farbangabe auf die weiße Unterseite der Nadeln oder die weißgraue Rinde bezieht. Das Holz der Weißtanne ist leicht zu bearbeiten, unter anderem werden daraus Resonanzböden für Musikinstrumente gefertigt. Bleibt noch zu erwähnen, daß es einige Gartenformen der Weißtanne gibt, daß aber der Weihnachts-»Tannenbaum« meistens eine Fichte ist. Wie sich generell Tannen von Fichten unterscheiden, wird auf Seite 48 beschrieben.

Wuchs: bis 50 m hoch, schmal, kegelförmig, mit waagerecht abstehenden Ästen; die Krone bildet im Alter das typische »Storchennest«. **Rinde:** weißgrau, bei jüngeren Bäumen glatt mit Harzbeulen, bei älteren aufgeplatzt und rauh. **Triebe:** graubraun, rauh behaart, nicht gefurcht. **Nadeln:** 15–30 mm lang, flach, Oberseite glänzend dunkelgrün, Unterseite mit zwei weißen Bändern, an der Spitze eingekerbt, meist in Doppelreihe gescheitelt. Das Nadelkleid ist, je nach Standort und

△ Gruppe von Weiß-Tannen (*Albies alba*) am natürlichen Standort.

Lichteinfall, sehr variabel. **Zapfen:** 10–16 cm lang, wie bei allen Tannenarten aufrechtstehend und nicht herabfallend. Sehr ähnlich ist die **Küsten-Tanne,** Riesentanne. *Abies grandis.* Diese Tanne von der Westküste Nordamerikas wird in ihrer Heimat fast 100 m hoch; in Europa, wo sie seit der ersten Hälfte des 19. Jahrhunderts wächst, ist sie nicht größer als die Weiß-Tanne. Sie wird in Parks, wegen ihrer Schnellwüchsigkeit aber auch in Forsten angepflanzt. Die Unterscheidung von der Weiß-Tanne ist nicht leicht. Man kann die Küsten-Tanne an der anfangs bräunlich-roten, später dunkelbraunen Rinde erkennen und an den längeren Nadeln (bis 60 mm lang), die auch in Doppelreihe gescheitelt sind, wobei die obere Reihe aus kürzeren Nadeln besteht.

◁ Triebe mit der typischen »gescheitelten« Anordnung der Nadeln.

Nordmanns-Tanne

Kaukasus-Tanne. *Abies nordmanniana*

(Familie Pinaceae)

Die Nordmanns-Tanne ähnelt im Wuchs der Weiß-Tanne: anfangs kegelförmig, wird sie im Alter schmal und säulenförmig. Der Baum stammt aus Kleinasien und dem West-Kaukasus, wo er in 1000 bis 2000 Meter Höhe dichte Wälder bildet und etwa 70 Meter hoch wird. Um die Mitte des 19. Jahrhunderts wurde die Nordmanns-Tanne nach Europa gebracht. Ursprünglich wurde sie wegen ihrer besseren Wüchsigkeit und dichteren Benadelung anstelle der heimischen Weißtanne in die Parkanlagen gepflanzt; inzwischen wird sie auch forstlich angebaut und kommt immer häufiger als Weihnachtsbaum auf den Markt. Der Baum verlangt hohe Luftfeuchtigkeit und kann den Rauch und den Staub der Stadtluft schlecht vertragen. Es gibt einige Gartenformen, zum Beispiel eine »*Glauca*« (eine bläuliche), ferner eine Zwerg-, eine Hängeform.

Wuchs: bis zu 30 m hoch, auch im Alter noch bis zum Boden hin beastet, vor allem, wenn der Baum frei steht. **Stamm:** Äste dicht, in regelmäßigen Quirlen, etwas ansteigend. **Rinde:** anfangs stumpf, hellgrau und glatt, später dunkelgrau und in dicke Platten zerrissen. **Triebe:** anfangs glatt und glänzend-olivgelb, später rosabraun, gelegentlich behaart.

△ In der Bildmitte: Nordmanns-Tanne (*Abies nordmanniana*). Links und rechts davon: Fichten (*Picea abies*).

Nadeln: 20–35 mm lang, mit einer Längsrinne, an der Spitze stumpf oder eingekerbt, lederartig; oberseits glänzend-grün, unterseits mit zwei weißen Bändern; die Nadeln stehen rings um den Trieb, an der Unterseite weniger dicht als oben; sie sind dabei nach vorn – zum Zweigende hin – gerichtet; die Nadeln duften etwas fruchtig, wenn man sie zerreibt. **Zapfen:** 12–15 cm lang und 5 cm dick, aufrechtstehend, auf die Wipfelzone beschränkt, oft sehr zahlreich; sie sind braun und harzig; die Deckschuppen sind nach außen gebogen und ragen mit hakigem Fortsatz hervor. Der Unterschied zur Weißtanne zeigt sich am deutlichsten bei den Nadeln: sie sind kürzer, stehen dichter und sind kaum gescheitelt.

◁ Die breiten Nadeln sind rings um den Trieb gestellt.

Colorado-Tanne

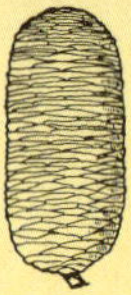

Gleichfarbige Tanne. *Abies concolor*
(Familie Pinaceae)

Ein sehr dekorativer Baum, der vor allem im Freistand mit seinem graugrünen, bis zum Boden herabreichenden Nadelkleid die Zierde eines jeden Gartens oder Parks ist. Die Colorado-Tanne gehört zu den Nadelbäumen, die auch vom Laien ohne Mühe bestimmt und wiedererkannt werden können, und zwar wegen der außergewöhnlich langen Nadeln, die sichelförmig nach oben gebogen sind. Der Name Colorado-Tanne weist auf die Heimat des Baumes hin, der in Südkalifornien, Utah und Colorado bis nach Mexiko wächst und seit dem Ende des 19. Jahrhunderts auch in Europa angepflanzt wird. Die Bezeichnung »Gleichfarbige Tanne« *(concolor)* bezieht sich auf die Farbe der Nadeln, die auf beiden Seiten gleich ist. In Deutschland und anderen europäischen Ländern wird der Baum meistens in Gärten und Parks, selten auch im Forst angepflanzt. Die Colorado-Tanne verträgt trockenen Boden und Stadtluft und zählt deshalb in dicht besiedelten Gebieten zu den Bäumen mit Zukunft.
Es gibt einige Gartenformen, die sich durch die Farbe und die Länge und Breite der – jedoch stets gekrümmten – Nadeln unterscheiden.

△ Junge Colorado-Tanne (*Abies concolor*) in einem Park.

Wuchs: locker-kegelförmig; Höhe bis zu 40 m; die Äste stehen waagerecht ab; freistehende Bäume sind bis unten hin beastet. **Rinde:** grau, rauh, mit vielen Harzbeulen. **Triebe:** in der Jugend graugrün, später graubraun, kahl. **Nadeln:** beiderseits stumpf-graugrün bis graublau, dick, lederartig weich, unterseits mit einer grünen Mittelrippe, 40 bis 80 mm lang und sichelförmig aufwärts gebogen; im Schatten zweizeilig, an der Sonnenseite dichter. **Zapfen:** gehäuft in der Baumspitze, etwa 10 cm lang, zuerst blaugrün, später trüb-violett; die Zapfen bleiben – wie bei allen Tannenarten – am Baum und fallen nicht herunter.

◁ Typisch sind die nach oben gekrümmten Nadeln.

Nikko-Tanne

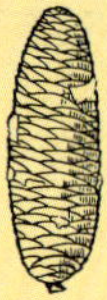

Scheiteltanne. *Abies homolepis*
(Familie Pinaceae)

Die Nikko-Tanne hat eine typische Art der Zweigbildung, an der man sie schon im Habitus erkennen kann: es sind die sehr dicht verzweigten Äste, die waagerecht und tafelförmig herausstehen. Die Heimat der Nikko-Tanne ist Japan. Die um 1860 nach Europa gebrachten Samen stammen wohl aus Nikko, der Tempelstadt im Naturschutzgebiet. Daher also der Name. Die wissenschaftliche Artbezeichnung *homolepis* = »gleichförmig geschuppt« bezieht sich wohl auf die Rinde des Stammes. Die schöne und dekorative Tanne ist bei uns häufig in den Parks anzutreffen. Da sie besonders widerstandsfähig ist, verträgt sie auch die »Stadtluft«.

Wuchs: breit-kegelförmig, bis zu 40 m hoch; Wipfel mit Spitze (bei der Varietät *umbellata* ist der Wipfel abgeflacht). **Stamm:** in der Jugend sind die Äste aufwärts gerichtet, später waagerecht; an freien Standorten sind die Stämme auch im Alter bis zum Boden hin beastet. **Rinde:** anfangs hellbräunlich und glatt, später grau und schuppig. **Triebe:** hellgelb-braun und glänzend, tief gefurcht, nicht behaart. **Nadeln:** stehen sehr dicht und sind steif, mit deutlicher Längsfurche, am Ende stumpf, ausgerandet oder zweispitzig; oberseits glänzend grün (wie

△ Nikko-Tanne (*Abies homolepis var. umbellata*).

lackiert), unterseits mit zwei weißen Bändern; sie sitzen auf starken grünen Kissen, sind unterhalb des Triebes stärker und oberhalb schwächer (V-förmig) gescheitelt; seitlich stehende Nadeln 20–30 mm, obenstehende nur 10–20 mm lang. **Zapfen:** aufrecht, wie bei allen Tannen, und nicht herunterfallend; sie sind zylindrisch, bis 9 cm lang und 3 cm dick; anfangs (vor der Reife) purpurviolett, später braun; es sind auffallend viele Zapfen vorhanden, sogar an den unteren Zweigen. Die Chance, einen Zapfen nicht nur zu Gesicht, sondern sogar in die Hand zu bekommen, ist also gegeben. Sollte man dabei auf unreife Zapfen stoßen, die statt purpurviolett hellgelb sind, dann handelt es sich um *Abies homolepis var. umbellata* (= schirmförmig).

◁ Die Nadeln sind breit und vorn ausgerandet.

Korea-Tanne

Abies koreana

(Familie Pinaceae)

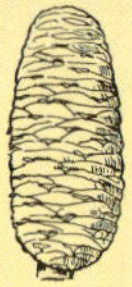

Dieser nicht besonders hohe Baum eignet sich wegen des geringen Platzanspruchs besonders gut als Gartenschmuck. Während er in seiner Heimat Korea bis zu 15 Meter hoch wird, erreicht er in Europa kaum eine Höhe von 10 Metern. Diese Kleinwüchsigkeit »in der Fremde« kann man auch bei anderen Bäumen beobachten. Die Korea-Tanne ist erst um 1910 nach Europa gebracht worden, erfreut sich aber hier schon großer Beliebtheit wegen der dekorativen Zapfenbildung, die schon bei sehr jungen Pflanzen einsetzt: Bäume, die noch nicht einmal 1 Meter Höhe erreicht haben, können schon den bunten Zapfenschmuck tragen. Die Ansprüche der Korea-Tanne an Standort und Boden sind gering; genügend Bodenfeuchtigkeit im Herbst ist wichtig, damit sie über den Winter kommt.

Wuchs: zuerst kegelig-breit und zwergenförmig; erst später bildet sich dann ein schnellwüchsiger Mitteltrieb. **Stamm:** die Äste wachsen in Quirlen aus dem Stamm und sind leicht ansteigend. **Rinde:** mit deutlich sichtbaren erhabenen Punkten gesprenkelt. Es handelt sich um Rindenporen, sogenannte »Lentizellen«. **Triebe:** gefurcht und stark behaart, gelblich-rot.

△ Junge Korea-Tanne (*Abies koreana*), bereits mit Zapfen.

Nadeln: fast rings um den Trieb gestellt, nur 10 bis 20 mm lang, meist nach der Spitze hin verbreitert, dort abgerundet oder eingekerbt, jedoch spitz im oberen Teil des Baumes; die Farbe ist oberseits glänzend-grün, unterseits weiß durch zwei kreideweiße Bänder; die Nadeln sind mit einem kleinen Stiel am Trieb angewachsen. **Zapfen:** unreife Exemplare auffällig violett oder rötlich-braun, faßförmig, 4–7 cm lang, meist nach der Spitze hin etwas verbreitert; die Deckschuppen ragen hervor und sind zurückgeschlagen; schon bei jungen Bäumen sind reichlich Zapfen vorhanden; nach der Reife werden sie braun bis schwarz.

◁ Die Nadeln der Korea-Tanne sind auffallend kurz.

Edel-Tanne

Silbertanne. *Abies procera*

(Familie Pinaceae)

Eine der schönsten Tannen, wenn sie sich im Freistand entwikkeln kann. Sie stammt aus dem Westen Nordamerikas (Oregon, Washington) und wird in den dortigen Gebirgen bis zu 80 Meter hoch. In Europa, wo sie erst seit 1930 eingeführt wurde, erreicht sie bisher nur eine Höhe von 20–30 Metern. Die Edel-Tanne wächst kegelförmig-schlank und ist bei uns vor allem in Parkanlagen zu finden. Der lateinische Name *procera* bedeutet: lang, hoch, schlank. Neben dem Normal-Typ wird auch häufig die bläuliche Form »*Glauca*« gepflanzt.

Stamm: im Freistand bis zum Boden hin beastet, die unteren Äste hängen stark nach unten. **Rinde:** glatt, silbrig-grau mit vielen querstehenden Harzbeulen, im Alter dunkelbraun und tiefrissig. (In den Harzbeulen – das gilt auch für andere Bäume – befindet sich dünnflüssiges Harz.) **Triebe:** braunrot, nicht gefurcht, stark behaart. **Nadeln:** weich, 25–35 mm lang, leicht gefurcht, an der Spitze ausgerandet, oberseits blaugrün, unterseits mit zwei schmalen, mattweißen Bändern; die Nadeln stehen dicht; an der Unterseite des Triebes sind sie nach beiden Seiten hin flach ausgebreitet (gescheitelt); die oberste Nadel-

△ Junge Edel-Tannen (*Abies procera*) in einer Schonung.

reihe ist kürzer, zeigt nach vorn und ist dem Trieb angedrückt. **Zapfen:** Zylindrisch, sehr groß (15–25 cm lang, 7–8 cm dick), anfangs grün, später purpurbraun mit blaßgrünen Deckschuppen.

Sehr ähnlich ist die **Prächtige Tanne.** *Abies magnifica.* Sie stammt aus Kalifornien und wurde schon um 1850 in Europa eingeführt. In ihrer Heimat wird sie 60–80 m hoch, in Europa wohl nur knapp die Hälfte. Die Prächtige Tanne hat einen starken Stamm, wächst schmal-kegelförmig und ist dabei sehr regelmäßig aufgebaut – also ähnlich wie die Edel-Tanne. Im Unterschied zu dieser finden sich aber bei *Abies magnifica* keine Harzbeulen an den jüngeren Stämmen. Ferner sind die Nadeln länger (bis zu 40 mm), steif und nicht gescheitelt.

◁ Die Nadeln sind nach den Seiten hin ausgebreitet.

Veitchs-Tanne

Abies veitchii

(Familie Pinaceae)

Diese Tanne hat gewisse Ähnlichkeit mit der Nordmanns-Tanne, wenn man die Benadelung in Betracht zieht; für den Laien ist das deutlichste Kennzeichen beziehungsweise Unterscheidungsmerkmal die auffallend silberweiße Unterseite der Nadeln, die so zur Seite oder nach oben gekrümmt ist, daß der Baum – vor allem im oberen Teil – wie bereift aussieht. Die Veitchs-Tanne stammt – wie viele unserer Parkbäume – aus Japan, wo ähnliche klimatische Verhältnisse wie in Europa herrschen. Sie wurde 1879 erstmals in Europa gepflanzt, und zwar in der englischen Großgärtnerei Veitch. Die Herkunft des Namens ist damit erklärt. Der Baum ist bei uns winterhart und in den ersten Lebensjahren raschwüchsig – von allen *Abies*-Arten wächst er am schnellsten. Das ist wohl auch der Grund, weswegen hier und da Überlegungen angestellt werden, ob man ihn nicht auch als Forstbaum verwenden könnte.

Wuchs: bis 25 m hoch, regelmäßig schmal-kegelförmig, im Alter noch schmaler und oft mit flachem Wipfel. **Stamm:** Äste stehen waagerecht ab und wachsen aus sehr regelmäßigen Quirlen. **Rinde:** auffallend hellgrau und glatt. Unter den Zweigansätzen sind deutlich sichtbare Vertiefungen.

△ Junge Veitchs-Tanne (*Abies veitchii*).

Triebe: gelblich oder grau, dicht behaart. **Nadeln:** bis 25 mm lang, weich, an der Oberseite gefurcht, an der Spitze stumpf oder ausgerandet und am Grund in einem Stiel verschmälert; oberseits glänzend grün, unterseits mit auffallend silberweißen Bändern; die Nadeln stehen sehr dicht, sind nach vorn oder aufwärts gerichtet und zum Teil dabei gedreht; die unter dem Trieb stehenden sind zur Seite weggekrümmt. **Zapfen:** 5–7 cm lang, zylindrisch, zuerst bläulich oder olivgrün, später braun, aufrechtstehend; Zapfen gibt es bereits an jungen Bäumen, an älteren sitzen sie dicht gedrängt.

◁ Typisch sind die breiten, kalkweißen Bänder auf der Nadelunterseite.

Fichte

Gemeine Fichte,
Rot-Tanne. *Picea abies*
(Familie Pinaceae)

Die Fichte hat im Laufe der letzten Jahrhunderte immer mehr Verbreitung gefunden und ist heute in Mitteleuropa der wichtigste Forstbaum. Ihre Heimat sind die europäischen Gebirge der mittleren und nördlichen Region; sie kann – zum Beispiel im Engadin – auch noch in Höhen von 2000 Metern gedeihen. Bei kaum einem Baum gibt es so viele Wuchsformen, die teils natürlich entstanden sind oder aber durch Züchtungsmaßnahmen – eine Tatsache, die dem Laien das Erkennen der Gemeinen Fichte und das Unterscheiden von den anderen Fichtenarten nicht eben leicht macht. Andererseits bieten die Fichten als gutes Erkennungsmerkmal die Zapfen, die nicht – wie bei den Tannen – am Baum bleiben, sondern als Ganzes herunterfallen. (Hier noch zwei weitere Unterscheidungsmerkmale: bei den Fichten sitzen die Nadeln auf kleinen Höckern, die am Zweig bleiben, wenn die Nadeln bereits abgefallen sind; bei den Tannen wachsen die Nadeln *direkt* am Zweig und hinterlassen nur eine rundliche Narbe. Ferner: bei den Fichten *hängen* die Zapfen, bei den Tannen *stehen* sie auf dem Zweig.) Die Gemeine Fichte wird bis zu 500 Jahre alt; ihr Holz ist sehr vielseitig verwendbar. Der Art-Name *Picea* hängt mit dem

△ Gemeine Fichte (*Picea abies*) auf einer Almwiese.

lateinischen Wort *pix* = »Pech« zusammen und erinnert daran, daß früher aus dem Harz der Fichte und anderer Nadelbäume Pech gewonnen wurde.

Wuchs: bis zu 50 m hoch, spitz-kegelförmig. **Stamm:** Äste quirlständig, die oberen nach oben, die unteren nach unten gerichtet, aber zum Zweigende hin wieder ansteigend. **Rinde:** rötlich, mit dünnen Schuppen. **Triebe:** rötlich-gelb, kahl oder behaart. **Nadeln:** 10–25 mm lang, gerade oder gebogen, vierkantig, spitz, etwas stechend, an allen Seiten dunkelgrün; an aufrechten Trieben radial gestellt, an waagerechten unterwärts gescheitelt. **Zapfen:** 10–15 cm lang, zuerst grün oder rötlich, später hellbraun. Die Schuppen starr-fest; am Rand in eine mehr oder weniger ausgeprägte Zunge verschmälert.

◁ Die Fichtennadeln sind oft leicht gekrümmt.

Stech-Fichte

Blau-Fichte.

Picea pungens

(Familie Pinaceae)

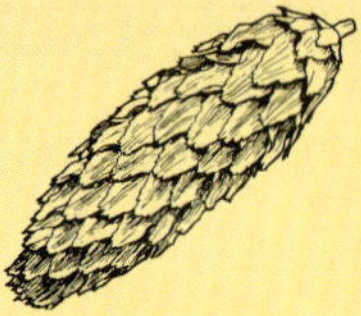

Die Stech-Fichte ist einer der häufigsten Zierbäume in unseren Gärten und Parks. Vor allem die verschiedenen blaugetönten Formen, die unter der allgemeinen – bei Nadelgehölzen üblichen – Bezeichnung »Glauca« (von *»glaucus«* = blaugrau/blaugrün) bekannt sind, erfreuen sich großer Beliebtheit. Andere Formen – grüne oder blaue – haben Zwergwuchs oder hängende Zweige. Zuweilen wird die Stech-Fichte auch forstlich angepflanzt. Sie stammt aus dem Südwesten Nordamerikas (Felsengebirge, Utah, Colorado) und wächst dort bis in Höhen von 3300 Metern als Einzelbaum. Etwa um 1860 wurde der Baum nach Europa gebracht. Bemerkenswert ist die Unempfindlichkeit gegen den Rauch und den Staub der Städte und die Anspruchslosigkeit, was Boden und Lage betreffen.

Wuchs: Höhe bis zu 30 m, kegelförmig, dicht bewachsen. **Stamm:** im unteren Teil sehr dick, Äste waagerecht ausgebreitet, bei älteren Bäumen abwärtsgerichtet, dicht in regelmäßigen Quirlen. **Rinde:** jung graubraun, alt dunkler, mit langen, tiefen Furchen und in kleinen Platten abblätternd. **Triebe:** kahl, erst glatt, hellbraun; später braun und dann schwärzlich. **Nadeln:** 20–30 mm lang, vierkantig, starr, in eine stechend

△ Junge Stech-Fichte der blaugrünen Form (*Picea pungens Glauca*).

scharfe Spitze auslaufend, um den ganzen Trieb verteilt; auf der Unterseite oft etwas spärlicher. Farbe: mattgrün bis silbergrau oder blaugrau, auf allen vier Seiten gleichfarbig. **Zapfen:** 7–10 cm lang, hellbraun, mit sehr dünnen, aber dennoch steifen Zapfenschuppen vorn mit verschmälerter Zunge, die am Ende gezähnt ist.
Ähnliche Arten: **Borsten-Fichte** *(P. asperata)* mit papierdünnen Rindenschuppen, kürzeren Nadeln (10–18 mm) und braunroten Zapfen, deren ledrige Schuppen ganzrandig und nicht nach vorn verlängert sind. Ferner die **Engelmanns-Fichte** *(P. engelmannii)*. Sie wird außer in Gärten und Parks auch forstlich angepflanzt (in Nordeuropa). Die vierkantigen Nadeln haben auf allen vier Flächen weißliche Bänder!

◁ Die Nadeln der Stech-Fichte sind starr und sehr spitz (*P. p. Glauca*).

Serbische Fichte

Omorika. *Picea omorika*

(Familie Pinaceae)

Diese Fichte ist für jedermann an der auffällig schmalen Wuchsform zu erkennen. Mit ihrem schlanken Stamm und den bis zum Boden herabreichenden Ästen – wenn sie frei steht – ist die Omorika einer der dekorativsten Nadelbäume. Ihre Heimat ist Serbien und Bosnien im südlichen Jugoslawien, wo sie an steilen Gebirgshängen wächst und früher im ganzen Gebirge bis auf 1500 Meter hinauf verbreitet war. Inzwischen ist die Serbische Fichte in ihrer Heimat stark zurückgedrängt, dafür aber im übrigen Europa weit verbreitet. Sie ist die in Parks, Friedhöfen und Gärten am meisten anzutreffende Fichte. Abgesehen von ihrem dekorativen Wuchs pflanzt man sie auch gern dort, wo nicht viel Platz vorhanden ist. Vielleicht ist sie, wenn erst einmal genügend Erfahrungen vorliegen, auch für den Forstanbau geeignet. Zwar ist der Holzzuwachs gering, das Längenwachstum, vor allem in der Jugend, ist jedoch beträchtlich. »Omorika« ist der serbische Name für »Fichte«.

Wuchs: bis zu 30 m hoch, sehr schmal-kegelförmig. **Stamm:** an den Astansätzen verdickt, darunter Vertiefung; Äste waagerecht abstehend, die unteren abwärts gerichtet und nach außen bogenförmig wieder ansteigend. **Rinde:** orangebraun, mit pa-

△ Serbische Fichten (*Picea omorika*) in einem Park.

pierartigen Schuppen, die später hart und quadratisch werden. **Triebe:** braun, behaart. **Nadeln:** 8–15 mm lang, vierkantig, aber dabei flach zusammengedrückt, so daß oben und unten ein Kiel entsteht, scharf zugespitzt (bei jungen Bäumen) oder stumpf mit kleiner Spitze (bei älteren); oberseits glänzend dunkelgrün, unterseits mit zwei weißen Bändern; Nadeln leicht gekrümmt, rund um den Trieb gestellt, jedoch an der Unterseite zuweilen etwas gescheitelt; die oberen Nadeln oft aufwärts gekrümmt, so daß die weiße Unterseite sichtbar wird. **Zapfen:** 3–6 cm lang, spitz zulaufend, jung: dunkel-blau-schwarz, reif: glänzend zimtbraun; Schuppen steif, breit und rundlich, am Rande gezähnt; schon junge Bäume haben viele Zapfen.

◁ Die zurückgekrümmten Nadeln zeigen die Bänder auf der Unterseite.

Sitka-Fichte

Picea sitchensis

(Familie Pinaceae)

Die Sitka-Fichte stammt aus einem schmalen Küstenstreifen in West-Nordamerika, der von Alaska bis Kalifornien reicht, einschließlich der Inseln Vancouver und Sitka, woher die Fichte ihren Namen hat. Sie wächst dort in Höhen bis zu 2000 Metern und bildet mit anderen Nadelhölzern dichte Bestände. 1831 wurde sie von dem schottischen Gärtner Douglas nach Europa gebracht. Aus der Herkunft geht schon hervor, daß sie an kühles, feuchtes Klima gewöhnt ist, und so gedeiht sie bei uns auch am besten an der Küste, an Seen und Flußufern. Wo es die entsprechenden Standorte zulassen, wird die Sitka-Fichte auch forstlich angepflanzt, denn sie ist raschwüchsig (der ausgewachsene Baum ist meist höher und stärker als andere Fichten) und besitzt ein ausgezeichnetes Holz, das leicht und zäh ist und sich gut als Bauholz eignet. Im übrigen aber findet man den Baum vor allem in Parks.

Wuchs: Höhe etwa 40 m (in der Heimat über 60 m), breit kegelförmig, im Alter lockerer. **Stamm:** quirlständige Äste, die waagerecht abstehen und nur im oberen Teil des Baumes nach oben streben; ein typisches Merkmal bei älteren, freistehenden Bäumen: aus den bereits astfreien Teilen des Stammes wach-

△ Zwei noch jüngere Sitka-Fichten (*Picea sitchensis*).

sen wieder kleine benadelte Zweige heraus. **Rinde:** rotbraun, anfangs dünn, später sich in Platten ablösend. **Triebe:** hellgelblich bis bräunlich, glänzend, kahl, gefurcht und mit stark abstehenden Nadelkissen. **Nadeln:** 15–20 mm lang, gerade oder gebogen, zusammengedrückt, aber dennoch vierkantig, hart, steif und mit stechender Spitze; Oberseite dunkelgrün-glänzend mit zwei weißen Linien, Unterseite mit zwei bläulich-weißen Bändern. Die Nadeln zeigen schräg nach vorn, stehen an kräftigen Trieben rings um den Zweig; an den unteren Trieben sind sie V-förmig gescheitelt. **Zapfen:** 5–8 cm lang; Zapfenschuppen papierartig dünn, aber starr, gelbbraun, vorn rund und ausgefressen.

◁ Typisch sind die gekrümmten, sehr spitzen Nadeln.

Orient-Fichte

Kaukasus-Fichte, Sapindus-Fichte.
Picea orientalis
(Familie Pinaceae)

Ein stattlicher Nadelbaum, dessen Zweige im Freistand bis zum Boden herabreichen. Als Gesamtbaum ist die Orient-Fichte nicht ohne weiteres von anderen Fichten, die ja alle untereinander ähnlich sind, zu unterscheiden. Aus der Nähe betrachtet, kann man sie allerdings sehr schnell an ihren besonders kurzen Nadeln erkennen, die außerdem stumpf sind (die meisten Fichtenarten haben spitze Nadeln!). Ihre Heimat ist der Kaukasus und das Taurusgebirge; dort bildet sie bis in eine Höhe von 2000 Metern große Wälder. Obwohl schon im 18. Jahrhundert entdeckt, wurde die Orient-Fichte erst gegen 1840 nach Europa gebracht und dort verbreitet. Man findet sie hier in Parks und Gärten, gelegentlich auch als geschnittene Hecke. Sie stellt keine besonderen Ansprüche an Boden und Standort und kann sogar im Schatten gepflanzt werden, da die Nadeln dort nicht abgestoßen werden. Geringer forstlicher Anbau erfolgt in einigen europäischen Ländern (Belgien, Österreich, Italien). Daneben gibt es einige Gartenformen (goldfarbige, Zwerg- und Hängeformen). Das an den Zweigspitzen austretende Harz nennt man »Sapindus-Tränen«.

△ Links eine Orient-Fichte (*Picea orientalis*), daneben *Picea omorika*

Wuchs: bis 30 m hoch (in der Heimat bis zu 60 m), kegelförmig. **Stamm:** bis dicht zum Boden beastet, Äste waagerecht oder aufstrebend, an der Spitze leicht aufwärts gerichtet, unregelmäßig quirlständig. **Rinde:** braun, mit wenigen Rissen, löst sich bald in kleinen Schuppen ab. **Triebe:** hellbraun oder weißlich, behaart. **Nadeln:** nur 6–8 mm lang, vierkantig, dick und steif, vorn abgerundet, allseitig dunkelgrün und wie lackiert aussehend, ohne weiße Bänder; an der Oberseite des Triebes nach vorn gerichtet, so daß dieser verdeckt ist; die Nadel-Kissen sind sehr ausgeprägt. **Zapfen:** 6–9 cm lang, länglich, anfangs grün bis purpurrot, später braun; Schuppen breit und rund, mit glattem Rand.

◁ Orient-Fichten haben kurze, vierkantige Nadeln.

Kanadische Hemlockstanne

Schierlings-Tanne. *Tsuga canadensis*

(Familie Pinaceae)

Eine sehr dekorative Konifere mit unregelmäßigem Habitus und leicht hängenden Ästen und Zweigen. Sie stammt aus dem östlichen Nordamerika und wächst dort an kühlen, oft felsigen Standorten, beispielsweise in feuchten Schluchten. Die Kanadische Hemlockstanne, die im übrigen keine Tanne ist, sondern einer eigenen Gattung angehört, wurde schon um 1740 nach Europa gebracht und ist seitdem stark verbreitet. Man findet sie meistens in Gärten und Parks; forstlicher Anbau wird wegen der mäßigen Holzqualität nur gelegentlich betrieben. Sie liebt eher feuchte und nicht zu heiße Standorte und gedeiht auch im Halbschatten. »Hemlock« ist der englische Name für »Schierling«, dessen Geruch die zerriebenen Nadeln angeblich haben sollen.

Wuchs: bis 30 m hoch, unregelmäßig breit-kegelförmig. **Stamm:** in der Heimat einstämmig, in Mitteleuropa oft mehrstämmig; Äste waagerecht oder schräg aufsteigend, unregelmäßig stehend. **Triebe:** hellbräunlich, behaart. **Nadeln:** nur 5–15 mm lang, weich, flach, stumpf, nicht ausgerandet, am Rand fühlbar gesägt, von der Basis zur Spitze hin allmählich verjüngt; Oberseite dunkelgrün glänzend, Unterseite mit zwei weißen Bändern, am Trieb gescheitelt. **Zapfen:** bis 2,5 cm

△ Eine ausgewachsene Kanadische Hemlockstanne (*Tsuga canadensis*).

lang, eiförmig, an kurzem Stiel, Schuppen rundlich, ganzrandig.

Sehr ähnlich ist die **Westliche Hemlockstanne.** *Tsuga heterophylla.* Sie kommt aus dem Westen Nordamerikas von Alaska bis Kalifornien und wurde Mitte des 19. Jahrhunderts nach Europa gebracht und wächst hier gleichfalls in Gärten und Parks. *Heterophylla* bedeutet »verschieden-blättrig« und bezieht sich auf verschiedene Blattlängen am Trieb, was aber bei *T. canadensis* auch der Fall ist. Das wichtigste Unterscheidungsmerkmal sind die Nadeln, die bei der Westl. H. von der Basis bis zur Spitze gleich breit bleiben, ferner die Zapfen, die keinen Stiel besitzen (→ Abb. Seite 9).

◁ Die Nadeln von *Tsuga canadensis* sind an der Basis breiter als vorn!

Douglasie

Douglas-Tanne, Douglas-Fichte.
Pseudotsuga menziesii
(Familie Pinaceae)

Die Douglasie, obwohl weder Fichte noch Tanne, sondern Angehörige einer eigenen Gattung, hat dennoch mit beiden einiges gemeinsam: sie sieht aus wie eine breitgewachsene Fichte, und wie diese wirft sie ihre Zapfen zu Boden; ihre Nadeln haben jedoch die Merkmale der Tanne, denn sie sitzen direkt am Trieb, und beim Abfallen oder Abreißen bleibt lediglich eine runde Narbe, nicht aber ein Höcker wie bei den Fichten! Der lateinische Name *Pseudotsuga* weist auf gewisse Ähnlichkeiten mit der *Tsuga* (Hemlockstanne) hin: weiche Nadeln, die an jungen Trieben oft zweizeilig gescheitelt sind. Die Douglasie war vor der Eiszeit auch in Europa heimisch, starb dann aber aus. In Nordamerika überlebte sie, und zwar im Nordwesten, von Kanada bis in die südlichen Rocky Mountains, und wurde im 18. Jahrhundert wieder nach Europa verpflanzt. Der Ruhm, dies getan zu haben, gebührt dem schottischen Gärtner und Botaniker Douglas (1727). In Europa wurde der Baum seitdem in bedeutendem Umfang forstlich angebaut, aber auch in Gärten und Parks gepflanzt. Die Douglasie kann bis zu 600 Jahre alt werden; sie ist raschwüchsig und liefert wertvolles Holz.

△ Eine junge Douglasie (*Pseudotsuga menziesii*).

Wuchs: bis zu 40 m hoch (in Amerika bis zu 100 m), breit und kegelförmig. **Stamm:** Äste in der Jugend ansteigend, später waagerecht, mit hängenden Zweigen besetzt, im Freistand bis zum Boden beastet. **Rinde:** jung graugrün, mit vielen Harzbeulen, später dunkel und rissig. **Triebe:** etwas behaart, erst hellgelb, dann rötlichbraun, später graubraun. **Nadeln:** 20–30 mm lang, weich, flach, vorn stumpf bis spitz, gelbgrün bis blaugrün, unterseits mit zwei weißlichen Bändern; an jungen Trieben zweizeilig, gescheitelt, sonst aber rund um den Trieb gestellt; zerrieben stark duftend. **Zapfen:** 5–10 cm lang, Zapfenschuppen breit, rund, glattrandig; Deckschuppen herausragend mit langer, schmaler dreispitziger Zunge.

◁ Typisch: die dichte und lange Benadelung!

Gemeine Kiefer

Waldkiefer, Föhre.

Pinus sylvestris

(Familie Pinaceae)

Die Waldkiefer hat ein sehr großes Verbreitungsgebiet: es reicht von den Pyrenäen über Mitteleuropa, dem Kaukasus, Mittelsibirien bis zum Amurgebiet und nach Norden bis hinauf nach Lappland. Ihre Anpassungsfähigkeit – sie wächst sowohl auf kiesig-sandigen als auch auf moorigen Böden – ist ein Grund für diese weiträumige Ausdehnung. Die Waldkiefer kann bis zu 300 Jahre alt werden; durch ihr kräftiges Wurzelsystem mit tiefreichender Pfahlwurzel ist sie besonders windfest. Das Holz hat einen bedeutenden Nutzwert als Bauholz aller Art sowie für die Spanplatten- und Papierherstellung und nicht zuletzt als Brennholz; aus dem Harz der Kiefer (und anderer Nadelhölzer) gewinnt man Terpentin und Kolophonium. Der Baum wird in großem Umfang forstlich angepflanzt, vor allem auch auf Böden, die wegen ihrer minderen Qualität für andere Forstbäume nicht in Frage kommen. Aber auch in Gärten und Parks wird die Waldkiefer wegen ihrer dekorativen, oft an südliche Schirmpinien erinnernden Gestalt gern gepflanzt. Darüber hinaus gibt es etliche Gartenformen, die sich in Größe, Wuchsform und Nadelfarbe vom Typ unterscheiden. Der Name Kiefer hängt mit dem althochdeutschen

△ Die Gemeine- oder Wald-Kiefer (*Pinus sylvestris*).

Wort »kien« = »Lichtspan« und »Föhre« zusammen, bedeutet also soviel wie »Kien-Föhre«.

Wuchs: bis zu 40 m hoch, anfangs kegelförmig, später breitausladend, fast schirmförmig. **Stamm:** im Freistand oft gekrümmt, als Waldbaum mit langem, geradem Stamm, der die unteren Äste abgeworfen hat. **Rinde:** unten dunkelbraun, rissig, im Bereich der Äste rötlich. **Triebe:** grünlich, später graubraun, kahl. **Nadeln:** zu zweit, 4–8 cm lang, steif und spitz, dicht wachsend, meist gedreht und von halbrundem Querschnitt, die flache Seite ist meist graugrün, die gewölbte dunkelgrün. **Zapfen:** nur 3–7 cm lang, gestielt, hängend, graubraun und matt; Schuppenschilder flach oder leicht gewölbt mit stumpfem Nabel; die Zapfen fallen nach einigen Jahren ab.

◁ Triebe mit Zapfen vom Vorjahr.

Berg-Kiefer

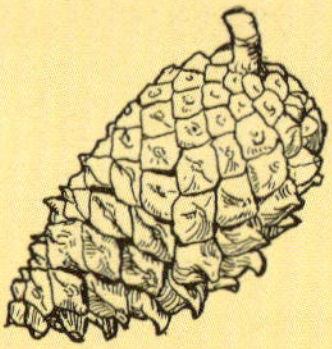

Latsche, Legföhre
(Hakenkiefer, Spirke)
Pinus mugo (montana)
(Familie Pinaceae)

Die Berg-Kiefer ist sehr vielgestaltig. Je nach geographischem Standort, Bodenbeschaffenheit und Höhenlage ist sie ein niederliegender Strauch (Knieholz an der Baumgrenze) oder ein kleiner, oft mehrstämmiger Baum. Sie kann auch einen geraden Stamm mit einem kegelförmigen Gesamthabitus bilden. Entsprechend solcher Unterschiede gibt es drei Unterarten: 1. *Pinus mugo var. pumilio*, die Zwergkiefer oder Latsche; 2. *P. mugo var. mughus,* die Krummholzkiefer; 3. *P. mugo var. rotundata,* die Sumpfkiefer, die oft mehrstämmige Bäume bildet. Eine vierte Unterart: *P. mugo var. rostrata,* die **Hakenkiefer** oder **Spirke** wird auch als eigene Art, nämlich *Pinus uncinata* beschrieben. Sie ist baumförmig und wächst in Süddeutschland innerhalb oder am Rande von Hochmooren. Die Heimat all dieser Berg-Kiefern sind die Alpen, der Schweizer Jura, der Schwarzwald, die Vogesen, der Böhmerwald, das Fichtelgebirge, Riesengebirge, Erzgebirge, die Karpaten und der Balkan, wobei jede Region oft ihre besondere Form ausgebildet hat. Berg-Kiefern wachsen sowohl auf Kalk wie auf Urgestein bis in eine Höhe von 2500 Metern. Die oft undurchdringlichen Bestände der Latschen- oder Knieholzformationen

△ Die Berg-Kiefer oder Latsche (*Pinus mugo var. pumilio*) am natürlichen Standort.

haben in den Hochgebirgen eine wichtige Funktion: sie verhindern an Steilhängen die Erosion und schützen vor Lawinen. Außerhalb der Gebirge findet man Berg-Kiefern häufig in Gärten (Steingärten). Es gibt etliche Gartenformen.

Wuchs: niederliegend oder aufgerichtet, als Hakenkiefer bis zu 20 m hoher Baum. **Stamm:** bogig verkrümmt oder senkrecht aufstrebend. **Rinde:** dunkelgrau, rauh, nicht abblätternd. **Triebe:** kahl, nicht bereift. **Nadeln:** zu zweit in einer Blattscheide, 3–8 cm lang, starr, mit stumpfer Spitze, beiderseits grün (bei *P. uncinata* leicht blaugrün), dicht stehend. **Zapfen:** sehr variabel, 2–7 cm lang, rund, ei- oder kegelförmig, mit oder ohne Stiel, erst grün, später braun, oft mit scharfer Querleiste und Dorn beziehungsweise hakenförmigem Nabel.

◁ Triebe und Benadelung sind bei allen Berg-Kiefern ähnlich.

Schwarz-Kiefer

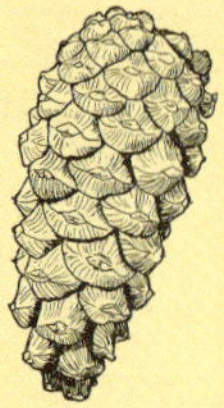

Österreichische-, Kalabrische-, Krim-, Pyrenäen-, Dalmatinische Schwarzkiefer. *Pinus nigra*
(Familie Pinaceae)

Die Schwarz-Kiefer hat durch ihre geographische Verbreitung zahlreiche Unterarten ausgebildet, die nur schwer zu unterscheiden sind. Begünstigt wurde die Entstehung solcher Unterarten durch das Vorhandensein isolierter, durch große Zwischenräume getrennter Vegetationsgebiete. So wächst die Unterart *Pinus nigra ssp. nigra* in Österreich und dem westlichen Balkan, *ssp. laricio* in Korsika, Süditalien und Sizilien, *ssp. pallasiana* in Kleinasien, auf der Krim und im Kaukasus, *ssp. salzmannii* im Gebiet der Pyrenäen und *dalmatica* an der Küste und auf den Inseln Nordwest-Jugoslawiens. Stellvertretend für alle anderen soll hier die Unterart *ssp. nigra,* die Österreichische Schwarz-Kiefer, beschrieben werden. Sie erscheint auch unter dem wissenschaftlichen Namen *Pinus nigra var. austriaca.* Der Name Schwarz-Kiefer (das lateinische Wort *nigra* bedeutet »schwarz«) beschreibt den insgesamt düsteren Eindruck dieser Kiefer, der durch die dunkelgrünen Nadeln und die schwärzliche Rinde hervorgerufen wird. Sie ist sehr genügsam und widerstandsfähig und eignet sich zum Beispiel zur Aufforstung trockener und steiler Hänge, wobei sie Kalk-

△ Schwarz-Kiefer (*Pinus nigra*). Meist ist der untere Teil des Stammes nicht beastet.

böden bevorzugt. Das Holz ist sehr harzreich und demzufolge gegen Feuchtigkeit unempfindlich. Die Schwarz-Kiefer ist der wichtigste Harzlieferant (Terpentin) und kann bis zu 600 Jahre alt werden.

Wuchs: 20–40 m hoch, eiförmig, oben dichter als unten, später schirmförmig. **Stamm:** kurz; Äste ansteigend und dick. **Rinde:** schwarzbraun-rotviolett, grob längsgefurcht mit dicken Leisten, schuppig. **Triebe:** glatt, kahl, zuerst grünlich, später gelbbraun oder graubraun. **Nadeln:** zu zweit aus einer Blattscheide, 8–15 cm lang, starr, mit stechender, oft gelblicher Spitze, dunkelgrün. **Zapfen:** bis 8 cm lang, waagerecht abstehend, ohne Stiel, kegelförmig; Schuppenschilder mit scharfer Querleiste und kleinem Dorn.

◁ Die äußeren Triebe sind nach oben gekrümmt.

Zirbelkiefer

Arve, Zirbe. *Pinus cembra*

(Familie Pinaceae)

Die Zirbelkiefer ist sowohl in Europa als auch in Asien heimisch. In Europa in den Alpen und Karpaten, wo sie meistens in Höhen zwischen 1200 und 2000 m einzeln oder in kleinen Gruppen anzutreffen ist, in Asien im Altaigebirge und in großen zusammenhängenden Beständen zwischen dem Ural und dem Baikalsee. Sie bevorzugt Standorte im Urgestein, wächst langsam und kann bis zu 600 Jahre alt werden. Das gelbliche, feinfaserige und zähe Holz ist sehr geschätzt für Schnitz- und Drechslerarbeiten und für die Herstellung von Möbeln und Resonanzböden von Musikinstrumenten. Das Wort »Arve« ist unbekannter Herkunft, offenbar aber sehr alt, »Zirbe« kommt von dem althochdeutschen »zerben« = drehen und bezieht sich wohl auf die spiralige Anordnung der Zapfenschuppen, (eine Tatsache, die allerdings für andere Zapfen auch gilt!). Das Wort *cembra* meint den Ort Cembra in dem gleichnamigen Tal nördlich von Trient. Die Zirbelkiefer wird außer in Gärten und Parks kaum angepflanzt. Die natürlichen Bestände sind daher im Laufe der Zeit – wegen des begehrten Holzes – immer mehr zusammengeschrumpft. Wo vor 100 Jahren noch Wälder standen, stehen heute nur noch einzelne Exemplare.

△ Zirbelkiefer oder Arve (*Pinus cembra*) in geschützter Tallage.

Wuchs: bis zu 25 m hoch, bei älteren Bäumen ist die Krone meist vielwipflig und breit (Kandelaber). **Stamm:** knorrig, im Verhältnis zur Höhe dick. Im Freistand gehen die Äste bis zum Boden. **Rinde:** zuerst graugrün und glatt, später schwarzbraun und rissig. **Triebe:** dick, mit weißem bis rostgelbem Filz bedeckt, der später dunkel wird. **Nadeln:** zu fünft in einer Blattscheide, 5–8 cm lang, mit dreieckigem Querschnitt, außen dunkelgrün, innen blauweiß, vor allem an den Zweigenden in dichten Büscheln. **Zapfen:** 6–8 cm lang, wachsen nur an sehr alten Bäumen! Sie sind hell-zimtbraun, die Schuppenschilder dick und breit. Die Samen sind nußartig und eßbar, das ist der Grund, weshalb die heruntergefallenen Zapfen oft von Nagetieren zerfressen sind.

◁ Arven sind leicht an ihrer »Fünfnadeligkeit« zu erkennen.

Weymouths-Kiefer

Strobe, Seidenkiefer.

Pinus strobus

(Familie Pinaceae)

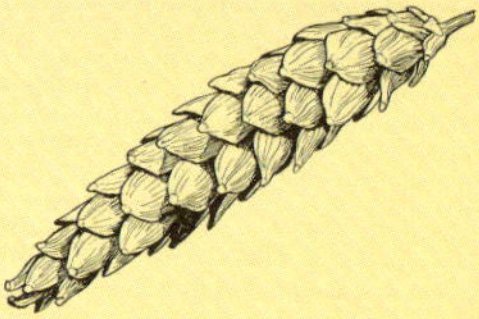

Die Weymouths-Kiefer mit ihren weichen, langen, hellschimmernden Nadeln und dem dichten, hochaufragenden Wuchs ist ein besonders dekorativer Baum und von den meisten anderen Kiefern leicht zu unterscheiden. Ihre Heimat ist das östliche Nordamerika im Gebiet der großen Seen und der Neuengland-Staaten bis hinauf nach Kanada. Benannt ist sie nach Captain George Weymouth von der Royal Navy, der Anfang des 17. Jahrhunderts die Küsten von Maine erforschte. Die geraden, langen Stämme wurden ein wichtiges Ausfuhrprodukt dieser englischen Kolonie: man fertigte Mastbäume aus ihnen. Inzwischen wurde die Weymouths-Kiefer auch in Europa angepflanzt. Verschiedene günstige Eigenschaften wie schneller Wuchs, gerader Stamm und weiches, wenig schwindendes Holz (für Tischler- und Schnitzarbeiten geeignet) machten sie zum Forstbaum in vielen Teilen Europas. Abgesehen davon ist sie aber vor allem auch ein geschätzter Parkbaum. Leider wird sie leicht vom Blasenrost befallen. Gesunde Bäume können älter als 200 Jahre werden. Es gibt einige Gartenformen. *strobus,* griechisch *strobos,* bedeutet: Wirbel, das Gedrehte, und bezieht sich auf die spiralig angeordneten Zapfenschuppen.

△ Typische Wuchsform einer älteren Weymouths-Kiefer (*Pinus strobus*).

Wuchs: bis zu 50 m hoch, anfangs kegelförmig, später breiter. **Stamm:** gerade; Äste im Alter sehr lang, in regelmäßigen Quirlen waagerecht abstehend. **Rinde:** anfangs glatt, glänzend, graugrün, später dunkelbraun und längsrissig. **Triebe:** dünn, grünlich, fein behaart, später braun. **Nadeln:** zu fünft aus einer Blattscheide, 5–10 cm lang, sehr dünn, weich, gerade, oberseits hellgrün, an den beiden Unterseiten blauweiße Bänder. **Zapfen:** sehr groß, 10–20 cm lang, manchmal etwas gekrümmt (bananenartig), erst grün, dann violett und im zweiten Jahr braun; Zapfenschuppen groß und lederartig, meistens mit weißlich getrocknetem Harz verschmiert.
Verwechslung ist möglich mit der Tränen-Kiefer, *Pinus wallichiana* und der Rumelischen Kiefer, *Pinus peuce* (→ Seite 78).

◁ Erkennungsmerkmal sind die sehr dünnen, steif abstehenden Nadeln!

Strand-Kiefer

Seestrand-Kiefer, Sternkiefer.

Pinus pinaster

(Familie Pinaceae)

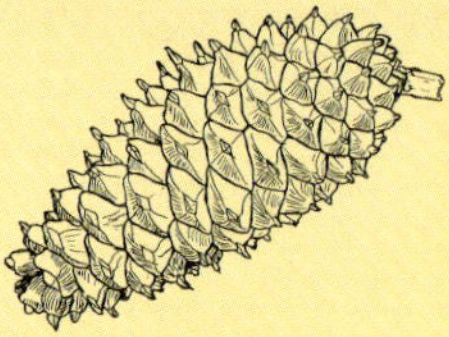

Ein wichtiger Baum des westlichen Mittelmeergebietes und der südeuropäischen Atlantikküste: Italien, Südfrankreich, Spanien, Portugal. In diesen Küstenregionen findet man die Strand-Kiefer an ähnlichen Standorten wie die Aleppo-Kiefer (→ Seite 74), und wie diese wird sie als Bodenfestiger forstlich angepflanzt. Auch auf Sandböden, Dünen und felsigen Böden wächst die Strand-Kiefer. Sie ist verhältnismäßig leicht an ihren sehr langen, starren Nadeln und den sehr großen, zahlreichen Zapfen zu erkennen, die oft in groteskem Mißverhältnis zur Größe des Baumes stehen. Mit der Länge der Nadeln und Zapfen hält die Strand-Kiefer den Rekord unter den in Europa ursprünglich heimischen Kiefern. Das Holz ist nicht sehr dauerhaft und wird für Masten, Schwellen, Pfosten und zur Papierherstellung verwendet. Wie bei vielen anderen Nadelhölzern wird auch hier das Harz zur Terpentinherstellung gewonnen, vor allem in Westfrankreich, wo die Strand-Kiefer vorzugsweise für diesen Zweck angepflanzt wird: man schneidet schräge Rinnen in die Rinde des Stammes und fängt das herauslaufende Harz auf. Seit dem 16. Jahrhundert wird die Strand-Kiefer auch im milden Klima Südenglands angebaut.

△ Jüngere Strand-Kiefer (*Pinus pinaster*) mit vielen Zapfen.

Wuchs: bis zu 40 m hoch, meist jedoch niedriger; Krone lokker, breit. **Stamm:** oft gebogen; Äste in Quirlen, stehen waagerecht ab; der untere Teil des Stammes ist schon bald astfrei, auch im Freistand. **Rinde:** erst hellgrau, später rotbraun, dick und mit tiefen Rissen, die die Borke in quadratische Platten teilen. **Triebe:** kahl, blaß bis rötlichbraun, im hinteren Teil bald ohne Nadeln und durch die verbliebenen Nadelpolster rauhgemustert. **Nadeln:** zu zweit aus einer Blattscheide, bis zu 15 cm lang (!), dick, starr und stachelspitzig, im Querschnitt halbrund, dunkelgrün. **Zapfen:** bis zu 22 cm lang (!), ei-kegelförmig, hellbraun, glänzend; der Nabel der Zapfenschuppe läuft meist in eine hakenförmige Spitze aus; die Zapfen bleiben viele Jahre am Baum hängen, der auf diese Weise oft übervoll ist.

◁ Zweig mit jüngerem und älterem Zapfen.

Aleppo-Kiefer

Pinus halepensis

(Familie Pinaceae)

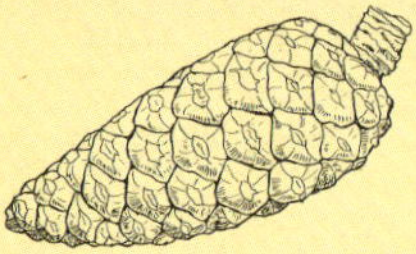

Die Aleppo-Kiefer findet man in der Küstenregion des Mittelmeeres und auf den Hügeln und Bergen der angrenzenden Landschaften. Ihr Vegetationsgebiet reicht von Spanien bis nach Kleinasien (der Name bezieht sich auf die Stadt Aleppo in Syrien). Sie gehört zu den Kiefern, die, wenn man sie ein paarmal bewußt wahrgenommen hat, immer wieder leicht zu erkennen sind: die »wolkig« geformte Krone und die weißlichhellen Äste sind die charakteristischen Merkmale der Aleppo-Kiefer; dazu kommen noch, bei näherem Hinsehen, die Zapfen mit ihrer typischen Färbung. Der Baum ist sehr genügsam und widerstandsfähig und erträgt gut den austrocknenden Küstenwind. An den Hängen der Hügel und Berge übernimmt die Kiefer die wichtige Funktion des Erosionsschutzes. Leider fallen immer wieder kleine und größere Bestände den Waldbränden zum Opfer, die in der trockenen Jahreszeit die leicht entzündbare Vegetation heimsuchen. Aus dem Harz der Aleppo-Kiefer gewinnt man Terpentin, und das Holz dient zum Möbel- und Bootsbau. Schon die alten Griechen bauten Schiffe aus diesem Holz.

Wuchs: bis 15 m hoch, in der Jugend schmal, später breit und rundlich gewölbt. **Stamm:** oft knorrig und krumm, Äste ge-

△ Ausgewachsene Aleppo-Kiefer (*Pinus halepensis*) am Mittelmeer.

dreht. **Rinde:** erst silbergrau, dann rötlichbraun; im Alter tief gefurcht; Rinde der Äste und Zweige hellgrau, fast weiß. **Triebe:** dünn, grünlichbraun oder orange. **Nadeln:** zu zweit aus einer Blattscheide, bis 10 cm lang, sehr dünn, weich und biegsam, hellgrün, in Bündeln am Ende der Triebe. **Zapfen:** bis 10 cm lang, an kurzen, dicken, gebogenen Stielen, eiförmig spitz, rotbraun glänzend mit hellgrauen Nabeln auf den Zapfenschuppen, oft zu dritt; sie bleiben viele Jahre am Baum, der auf diese Weise voller Zapfen unterschiedlichen Alters ist.
Eine ähnliche Art ist **Pinus brutia,** die oft auch als Unterart der Aleppo-Kiefer bezeichnet wird. Ihr Verbreitungsgebiet ist das östliche Mittelmeergebiet. Ihre Nadeln sind länger (15 cm) und starr. Die Zapfen sitzen an geraden Stielen.

◁ Zweige mit ein- und zweijährigen Zapfen.

Pinie

Schirm-Pinie. *Pinus pinea*

(Familie Pinaceae)

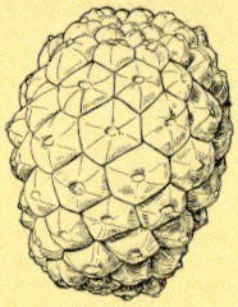

Ein außerordentlich dekorativer und malerischer Baum, der mit seiner schirmförmigen Krone eines der charakteristischen Gewächse an den Küsten des Mittelmeeres und des Atlantik (Portugal) ist. Diese Gegenden sind auch die Heimat der Pinie. Sie wächst einzeln, in Gärten und Parks oder auch in forstlichen Beständen, immer aber in der Nähe der Küste, denn sie braucht mildes und feuchtes Klima. In Irland und Südengland können aus diesem Grund Pinien ebenfalls gedeihen. Das Holz ist harzärmer als das anderer Kiefern und wird als Bauholz und für die Möbelherstellung verwendet. Die Samen – »Pinien-Nüsse« – sind roh und geröstet eßbar. Nachbildungen des rundlichen, vielschuppigen Pinien-Zapfens sind schon bei den Assyrern, den Griechen und Römern als künstlerisches Motiv bekannt, oft als Brunnenschmuck oder zur Bekrönung von Gebäuden. Im frühen Christentum wurde das Bild des Pinien-Zapfens als Symbol für den Lebensbrunnen verwendet.

Wuchs: bis zu 25 m hoch; in der Jugend mit rundlicher Krone, im Alter schirmförmig ausgebreitet. **Stamm:** oft ziemlich kurz und schon in niedriger Höhe in einige starke Äste geteilt, die

△ Schirm-Pinien (*Pinus pinea*) an der Mittelmeerküste.

dann in waagerecht ausgebreitete Zweige übergehen. **Rinde:** rötlichgrau und längsrissig, später mit großen senkrechten Platten, die nach dem Abblättern einen rötlichen Untergrund freilegen: **Triebe:** kahl, erst graugrün, dann braun. **Nadeln:** zu zweit aus einer gemeinsamen Blattscheide, bis 20 cm lang, dunkel-graugrün, scharf zugespitzt; junge Bäume haben dünnere, etwas bläuliche Nadeln. **Zapfen:** dick und rundlich, bis zu 14 cm lang und 10 cm breit, braun und etwas glänzend; die Schuppenschilder sind rundlich gewölbt, oft mit einer scharfen Querleiste oder mehreren Leisten, die, radial vom Nabel ausgehend, das Schild in sechs Segmente teilen. Der Nabel ist flach oder auch hervortretend und dabei etwas hakenförmig gebogen.

◁ Pinien haben lange und steife Nadeln.

Tränen-Kiefer

Himalaja-Kiefer.
Pinus wallichiana
(Familie Pinaceae)

Die weichen, hängenden Nadeln der Tränen-Kiefer sind das typische Kennzeichen. Sonst könnte man sie mit einer jüngeren Weymouths-Kiefer verwechseln, mit der sie auch die großen Zapfen und die »Fünfnadeligkeit« gemeinsam hat. Man findet diesen besonders schmucken Baum, der aus dem Himalaja-Gebiet stammt und dort in Höhen zwischen 2000 und 4000 m mit anderen Nadelhölzern zusammen dichte Wälder bildet, in unseren Parks und Gärten; nicht nur im milden Klima des Mittelmeergebietes, sondern auch in Mitteleuropa. Er wurde um 1820 hier eingeführt. Der Name hängt mit den tränenden, das heißt, mit Harz überflossenen Zapfen zusammen. Mit dem lateinischen Namen wird der dänisch-englische Botaniker Wallich geehrt, der Anfang des 19. Jahrhunderts vor allem in Indien tätig war. Die Tränen-Kiefer kann 150 Jahre alt werden. Forstlicher Versuchsanbau wird betrieben.

Wuchs: Höhe bis zu 30 m, in der Jugend dicht kegelförmig, später lockere Krone. **Stamm:** bei älteren Bäumen ist der untere Teil unbeastet. **Rinde:** anfangs glatt, dunkelgrau, später rissig, in dünnen Platten ablösend. **Triebe:** kahl, hellgrün, später braungelb. **Nadeln:** zu fünft aus einer Blattscheide,

△ Zwei dicht beieinanderstehende Tränen-Kiefern (*Pinus wallichiana*).

10–18 cm lang, sehr dünn, am Triebende vorwärtsgerichtet, sonst hängend, weißgrün, im Querschnitt dreieckig. **Zapfen:** 15–30 cm lang (!), leicht gekrümmt, mit Harz überzogen, erst hell-purpur-rot, später hellbraun. Zapfenschuppen lang, runzelig, etwas verdickt.

Außer mit der Weymouths-Kiefer *(P. strobus)* kann eine Verwechslung mit der **Rumelischen** oder **Mazedonischen Kiefer** *(P. peuce)* vorkommen. Diese ist in Jugoslawien, Albanien und Bulgarien heimisch und wird bei uns als dekorativer Zierbaum in Gärten und Parks angepflanzt. Die Nadeln von *P. peuce* sind kürzer: 10 cm lang, steif und nicht hängend. Die Zapfen sind nur 8–12 cm lang, sonst aber ähnlich wie die der Tränen- oder Weymouths-Kiefer. Die Zapfenschuppen sind runzelig-gefurcht.

◁ Typisch die sehr dünnen, zum Teil »schlaff« herabhängenden Nadeln.